模山範水

A Method From Shanshui

王欣 著

2020年中国美术学院重点高校建设科研繁荣计划资助项目成果

东华大学出版社

目录

园林作为文人的空间姿态·五种——

『江南国匠——当代苏州园林与生活艺术展』展览空间设计

如今我们如何看待『苏州园林』。

真正的园林，不是样式，也不是符号，不是消费的产品。

园林不是简单的花木假山亭台，并非一句『人造自然』可以轻易概括。

园林是属于文人世界的。文人，注定不是一个简单的读书人，而是一个有社会责任的人，一个具有公众色彩的文化领导与风尚人物，一个有文化姿态的人。

中国文人的源头在魏晋，那是一群有风骨，有态度，有姿韵的思想先锋与行动明星。

园林是文人内心的外化，不仅是道家赐予的治愈大药，不仅是内心平衡的温柔乡里。

真正的园林，是自我文化态度的空间性确立，是风骨风范的全景呈现，以言说山水的方式表白心迹：

李唐的『万壑松风』，沈周的『草庵』，倪瓒的『容膝斋』；

董其昌的『兔柴』，黄周星的『将就园』，刘士龙的『乌有园』……

今以建筑场景再现姿态五种如下：

一、屋山望远：园林，是登高望远的忧思

二、入川眠波：园林，是面向溪山的心航

三、出入图画：园林，是诗酒联欢的醒醉

四、一角容膝：园林，是不群居角的孤傲

五、别壶去处：园林，是在家出家的反省

这次展览是当代造园语境第一次系统性地进入博物馆。

我把这个展览空间的设计与建造，名为“屋下造园”。在屋子里造园，所面对的“地形”即是这个屋子，就是日本建筑师隈研吾先生设计的民艺馆空间。屋子里造园，就是与隈研吾先生对话。民艺馆的空间与惯常的博物馆空间很不一样，地面起伏不断，视野高下跌宕，室外景观与光线交替性地涌入，这些都是我要面对的。当然，还要面对空间尺度气质的调节，即调和器物与建筑空间之间的关系，建立一种中间尺度，柔和过渡。

展览的主题是文人器物，器物是生活的凝集精灵，而园林是文人精雅生活的载体，是文人艺术的综合体现，文人器物的呈现与使用背景皆在园林中。因此，唯有园林才能成为这次展览的空间叙述方式。通常器物的陈展，一般都置于龛柜之中，而龛柜作为陈展载体基本不表意也难与器物发生对话，这是通常博物馆的做法。我们就是想打破这样的套路，实验一种新的展览观念。承载器物的不一定是龛或是柜，也可以是空间，是与之匹配的情境。观展不一定只是看看，要有身体的参与，以行为的方式改变观看的视角，获得对器物的新理解，可以说，空间是器物的解说旁白。

传统古典园林，是传统中国文人精雅生活的日常载体，是一种高度发达、高度完熟的空间系统与建造工艺系统，是一个文明后期审美的集中体现的舞台，是中国人的有关自然哲学的博物馆。但“古典园林”属于那个时代，是一种过去式。一个时代要有一个时代独有的语言，园林语言要延续，更要发展。我们看园林，不是一堆样式符号，我们看到的有关于“山水生活”的种种类型创造，也就是园林中最核心的东西，即传统中国人以建筑的方式表述自然及表述自然观念的方式，我把它叫作“模山范水”，即是一种高度人工化的诗意模式语言，以自然的意趣与法则重建的一种新自然的系统化的方法，这是古典园林的灵魂。我从古典园林中提取了几种类型，诸如门、屋顶、舫、榻、屏风、曲桥、洞等。这些类型，我想大家并不陌生，但用法发生了变化：屋顶寓意了山，攀山以一种前所未有的高度俯瞰苏州赏石群；床榻演进成了地形般的桌面化舞台，也是各种清玩杂项的全景海墁平台；舫在坡道上高高昂首，仿佛破浪，它的剖面化空间表达成为展示古琴的表演与制作的“表与里”的暗喻；门，寓意了展览的开篇，推门见到屋顶与远处高高的画舫，即是见到山与水。

这套“木构园林”系统，重新讨论了一种博物馆的展示方式，也重新定义了博物馆的体验进程，五个场景，开合启承，层层递进，不断地涌现，建立了一种全新园林空间与生活的纵深表述：

五个场景就是五个文人的姿态，五种心迹的外化，也是五个舞台，五个幕次。

1

第一幕，屋山望远：园林，是登高望远的忧思

表达的是文人应该有的高度，且看向的深远，是一种有关家国天下的胸怀。整个构造是“长屏风官帽椅”与一个屋顶的相加，官帽椅代表了文人的坐姿，文人的靠背是高大的屏风，推开屏风观到的是山，屋顶代表了山。推屏向山行，登高望远。第一幕是一个起式，是关于园林，也是关于展览本身的起式，一个翻山的动作，打开了一个序幕，表达了一种望境。（图 1—图 9）

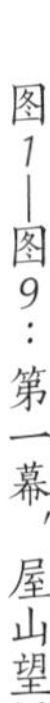
图1—图9：第一幕，屋山望远

2

3

4

5

6

8

9

第二幕，入川眠波：
园林，是面向溪山的心航

此幕为一个船型的建筑，高居坡道之顶端。姿态高昂，快意破浪。表达的是文人的洒脱与顽性，抛俗务，向溪山行旅，一颗永远保持着“入川”的自然之心。以向溪山的舫，来呈现苏州的古琴，古琴表达的天籁，是溪山清音，是隐逸的心思。一曲琴声，即是面向溪山的心航。这个小建筑，我谓之“琴舫”，它是剖面化的建筑，即是一种

10

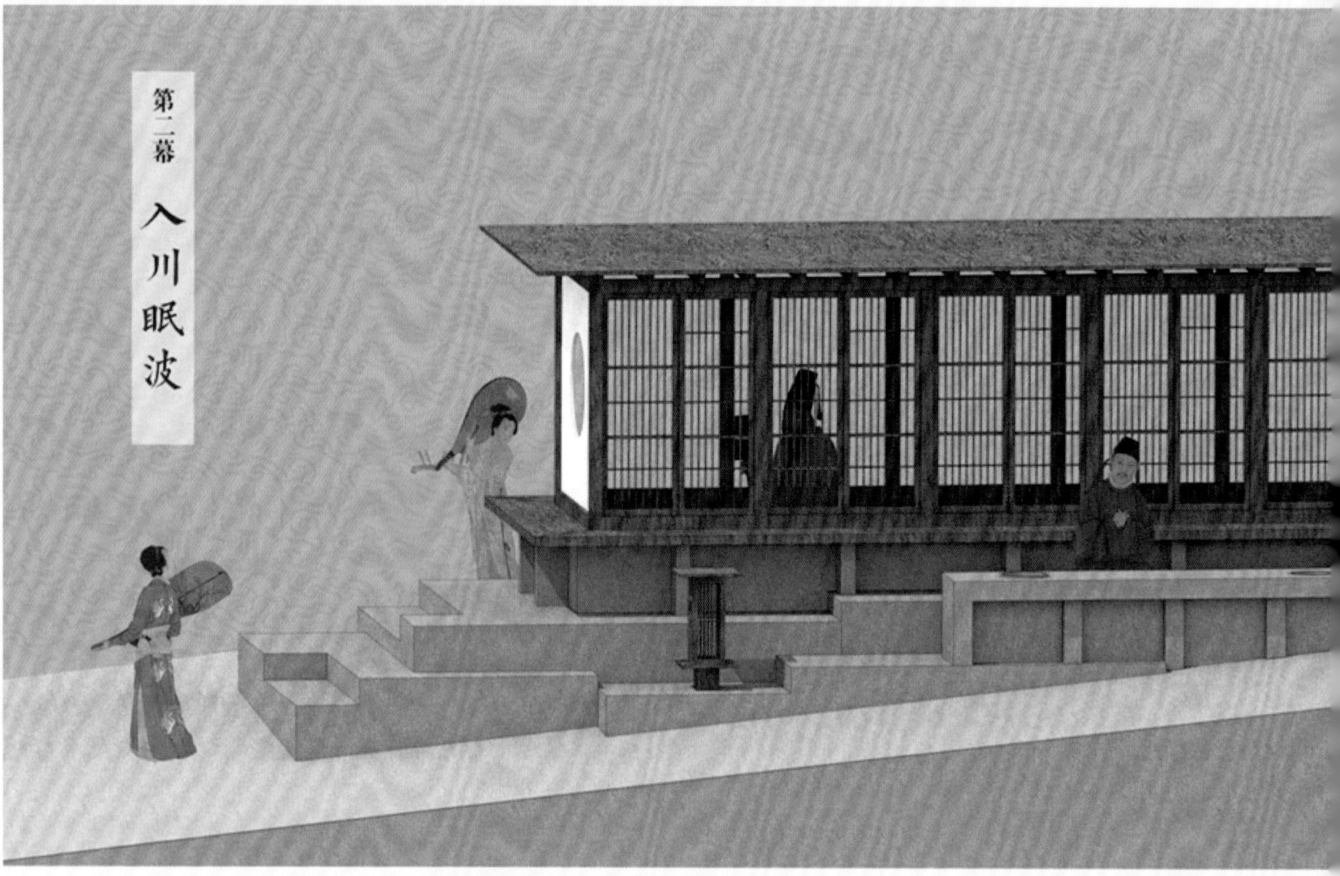

第二幕
入川眠波

剥解分离的状态，分出了“表里”与“内外”两对视野的并置：表里，表为古琴的表演，里为琴的制作工艺。内外，内为舫内，是屋子内部，外为舫的立面的长长延伸，以互靠双椅作为支撑与结束，是庭院。两对视野构成了相互垂直的轴线关系，这个轴线关系，即是人参与的路线关系，经由“内外”，再观到“表里”。舫的延长立面，强迫人的穿入，是为“出入画框”。这个动作，是内外与表里感知的转换点。（图 10—图 16）

图10—图16：第二幕，入川眠波

12

13

14

15

16

17

第三幕，出入图画：园林，是诗酒联欢的醒醉

第三幕在上坡处即被远远看到，第一眼就不同，前两幕还有实体感，这一幕是虚空的状态，以一种内部的方式出现，仿佛要包裹观者，因为它的原型是如画的“夜宴”，表达的是一种环境，一种周遭，是坠入性的，无外形可言。这一幕表达的是对良辰幻梦、繁华虚设的不舍与恍惚，对人世间风景的贪欢迷恋与隔世冷眼的出入矛盾。这一幕，即是三幅绘画的拼合：《瑞鹤图》《文会图》和《听琴图》。这一幕，有一个时间轴，始于《瑞鹤图》，经由《文会图》，终于《听琴图》。这一幕，首先是为昆曲表演而设定，同时也是器物文玩海墁铺设的地景式的平台。在我最初的设想中，人们坐在《文会图》巨大地景桌面里，被器物文玩的墁开而淹没。（图 17—图 23）

18

19

20

图17—图23：第三幕，出入图画

21

22

第四幕，一角容膝：园林，是不群居角的孤傲

这一幕是对倪瓒《容膝斋图》的一种建筑呈现，代表了文人甘居一角，静观尘世，保持清醒高洁的态度。场景的呈现是一个屋顶之角，偏于一隅。既是角落，但在一种高度上，屋顶代表了绝尘。屋顶上营造了一个仅容两人促膝的小亭，才三四步台阶，登上小亭，便是脱俗的山人，孤傲地俯瞰人间。苏州的砖雕群，与“一角容膝”，各据一边，一高一低，互为俯仰，形成对峙观。（图 24—图 27）

24

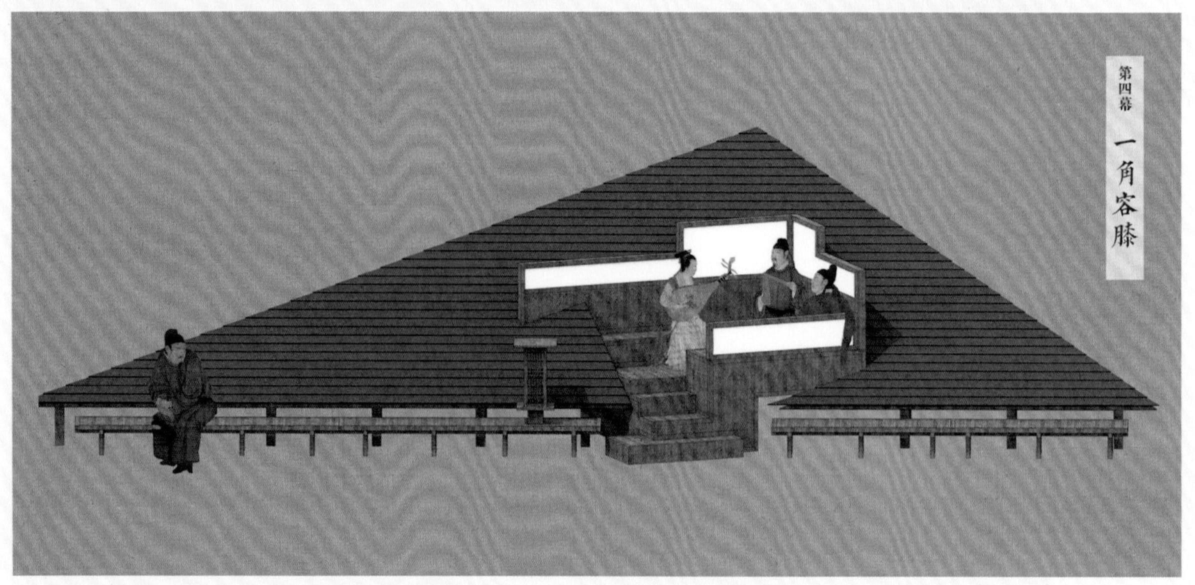

25

26

27

图24—图27：第四幕，一角容膝

28

29

第五幕，别壶去处：园林，是在家出家的反省

中国人喜欢谈“远”，那个远是一种指向，对时间的指向，或是过去，或是未来。也是对异域空间的指向，一个神往的并不存在的地方。桃花源，海上仙山，壶中天地，草庐，月宫，洞天……这些其实都是文人内心中最深邃的地方，是躲避起来能真正内观的地方，一个心灵的黑洞。在那里，可以获得反思，可以获得返照，可以重生。那里是终极的指向，也是重返的折点。（图 28—图 33）

图28—图33：第五幕，别壶去处

31

32

33

项目信息

展览名：江南国匠——当代苏州园林与生活艺术展

展览空间设计：造园工作室 中国美术学院建筑艺术学院

建筑师：王欣、孙昱、谢庭苇

制作方：杭州日兴家具有限公司

地点：中国美院民艺博物馆

时间：2017 年 9 月

在自然之殿观无声交响——

『东方竹』亚洲竹生活艺术展序幕空间设计

在一片幽玄的竹林间，观到澄澈大水自天上来，涌进林间，万千竹爿聚成水纹，一路汹涌，其间升起盏盏明灯，风浪自竹林尽头分出避水通道，邀人穿浪前行。水的高处，有画舫在等待，载尔乘风去。

这是一个传统中国文人常常幻视幻听的想象，一个通感的梦境。（图 1、图 2）

1

图1：序幕之序列立轴

图2：序幕空间的剖面

以自然之怀作为开场：通感梦境

竹林之爱，在于其清其纯，在于其气其节，是高士精神的林立。竹林之密，代表了隐匿，迷宫一般的傲气；竹林之疏，代表一个包容体，林子是大胸怀。竹林之均，代表了一种平权，自由的同游与漫谈，无座次，无贵贱。在中国文人的世界里，它是自由的学术之地。

开幕，竹林作为第一观法，即是中国人的自然观与风骨观。以怀抱的方式作为开场，才接近即已深深坠入，我将这样的开场称为“自然之怀”。

竹林是“千柱厅”，一个自然的森森大殿。

在一座自然大殿中观风浪，万千竹爿的海墁，即是万千箫笛笙管的集聚，箫笙之音，以风浪之形来物化：丝竹升涌，起伏摇曳，造无声之振聋发聩，扑面而来，将人席卷。密林间望风浪，即是以物象之竹框取了音律之竹，这是一片关于竹子的通感之地。我给这片情境取名为：隔林风浪，起伏箫笙。

“隔林鸠唤雨，断岸马嘶风”，林子是拨云分雾，望眼欲穿，那头，许是南唐传来消息。林子为“无尽藏”，密林尽头见大海，一个巨大的能量，被关了起来。林子是锁，园林需要锁，梦境需要锁。（图 3—图 8）

2

3

4

5

6

7

8

图3：营造接近尾声，一座森然大殿

图4：隔林风浪，起伏箫笙

图5—图8：风浪间游走

以自然境遇作为承台：风浪馈赠

箫笙之浪层层，以“浮涌”和“灯举”的方式呈现器物，如海上馈赠，天水聚宝。漫步间似有醉意荡漾。竹林，以“躲藏”的方式陈列竹家具，青黄隐匿相间，似乎要寻访，它们即显出人物般的情态，仿佛林间老者。传统中国没有“博物馆”的体制，但每个文人的居家、书房即是一个博物馆。但从来没有将器物割裂、抽离地陈列于“太空”之中，都存于相关的情境中，在群聚掩映中，在平日用度之中，器物常常形成丛林，带着境遇，带着相互之间的细语……器物本是情境中来，应当归到情境之中去。（图 9—图 16）

9

10

11

12

图9：看到浪头
图10：浪涌窗头
图11—图15：自然的承台

13

14 15

图16：大水馈赠

16

以自然生发作为建造法：共绘水图

竹林的营造，大约数百棵竹子，我没有做严格的定位，而是给了一米见方作为单元基本的网格，先随竹造师傅因结构需要点竹子，我的要求就是密，撞上什么是什么，这是一种“遇”：竹子会在路中央，似乎迎头一棒；竹子会在浪中，是浪涌竹林；竹子会在蹬道之边，好像是入口的门框……物与物之间自然随机地发生了对话，我们欣然接受这种“偶遇”。而后我会在现场做个减法，去掉一些，在关键位置补几棵。

风浪的涟漪，我只是定了一个原则，浪纹有一个基本的方向，浪头是紊流的铺法，随机要有旋涡和水泡，遇到竹柱要泛起一周波纹。守着这个简单的原则，自由铺设。前后有志愿者 80 多人次来陆续地接力式帮忙，每次来新人，三两句话就交代了，原则很简单。志愿者们大多为各专业的学生，其中不乏过来探视的朋友与老师，纷纷断续零星地加入了“水图”的绘造，竹瓦尺寸不一，弧度各异，大家喜好不同，粗细有别，逐渐形成了一张巨大的集体性编织与缝补的“水图织毯”，这是一道自然生发的图景。（图 17—图 22）

东方竹，我想营造的是一种自然之境遇，实验一种自然而然法。

17

18

19

图17：铺浪尖

图18：涟漪匠人

图19：独自恋花

图20：建造汹涌

图21：涟漪匠人

图22：绘浪大军

20

21

22

项目信息

展览名：东方竹——亚洲竹生活艺术展

展览序幕空间设计：

造园工作室 中国美术学院 建筑艺术学院

建筑师：王欣、孙昱

地点：中国美院民艺博物馆

时间：2019 年 4 月

惊梦而后游园——

令竹·生活器物展序幕空间设计

1

现代博物馆与美术馆的概念，是从西方传来的。中国没有公共意义上的博物馆与美术馆传统，中国人的书房就是博物馆、美术馆。书房是平素的生活起居之地，也是创作和待客的场所，不是“黑盒子”“白盒子”。那些珍藏的器物不是呈现在真空中的，它们生活在因取用观摩方便而不断生长变化的器物丛林之中，生活在一种具体的境遇之中。这种境遇可以是恒定的，譬如厅堂陈设；也可能是临时的，譬如品古文会，一种文人邀约观摩藏品珍玩的交流活动，一个由多个屏风围合间隔而成的，雅集化的松散的“室外博物馆”。雅集式的展示，西方一样是有的，画廊沙龙其实就是美术馆的一个前身，只是没有成为现代博物馆、美术馆的主流。（图 1）

我很痴迷传统绘画中常常出现的“古董集会”，其实就是古物的地摊儿，一片浓密的树荫之下，桥头的层层台阶之上：桌案、小几、围屏、大瓮、瓷炉、灯台……层层摞摞的，一个摊主守在一角，这是一个最小的博物馆。我虽不舍那些密集摆放的古物，但更加在意那“浓荫桥头”对小摊的笼罩与承托。这样的场景，在日本的许多小城市的“骨董日”还多能见到。（图 2、图 3）

图 1：品古图
图 2：带着境遇感的家具摊
图 3：青空古董市，树下古董逍遥（图片来源：《别册太阳 骨董市・蚤の市》，平凡社编，2000 年第 4 期）

2

3

在逛“骨董日”的时候，我常常想：假如我摆摊的话，把摊儿摆在什么地方最有气势？那个“浓荫桥头”，即是为古物们创造了一片天地，让它们和我一起入画。

4

这个天地，是赠予古物的一种境遇。器物是凝集物，终究是小的，场域有限，它们需要匹配的空间对其进行托举与重现，这个天地，构建了对器物的全新的阅读方式。我的脑子里已经抹不去“浓荫桥头”对那些古物赋予的气氛与看法，这又让我重新认识了一遍它们。

空间作为展品的旁白，空间作为展品的新观法，空间成为展品精神的放大体验，空间将器物的场域放大了，让我们得以步入坠入……我想，这是我们中国的展示方式。

面对一百多件竹器物，我所要做的即是“浓荫桥头”。

屋下一样造园，移来一片天地，让展览成为一座瞬时的园林，让观展成为游园惊梦。众多器物是松散的，亦容易看得疲倦。空间情境的设计要直接成为展览主题与思想的叙事者，建立体验与参与，建立与展品器物的互文，带来颠覆性的观看。

我将“游园惊梦”做一个倒置，即先“惊梦”，后“游园”。惊梦是开门序幕场景的生生撞见，瞬间进入另一个时空。游园是观展品的同时反复穿越这个序幕场景，看进再看出，近观之后再远观、全景观、高下观、优思观、隔世观……（图4—图6）

图4：展览序幕空间设计海报
图5：宋画之水
图6：展览轴测图，由竹浪控制连接的三个展厅

5

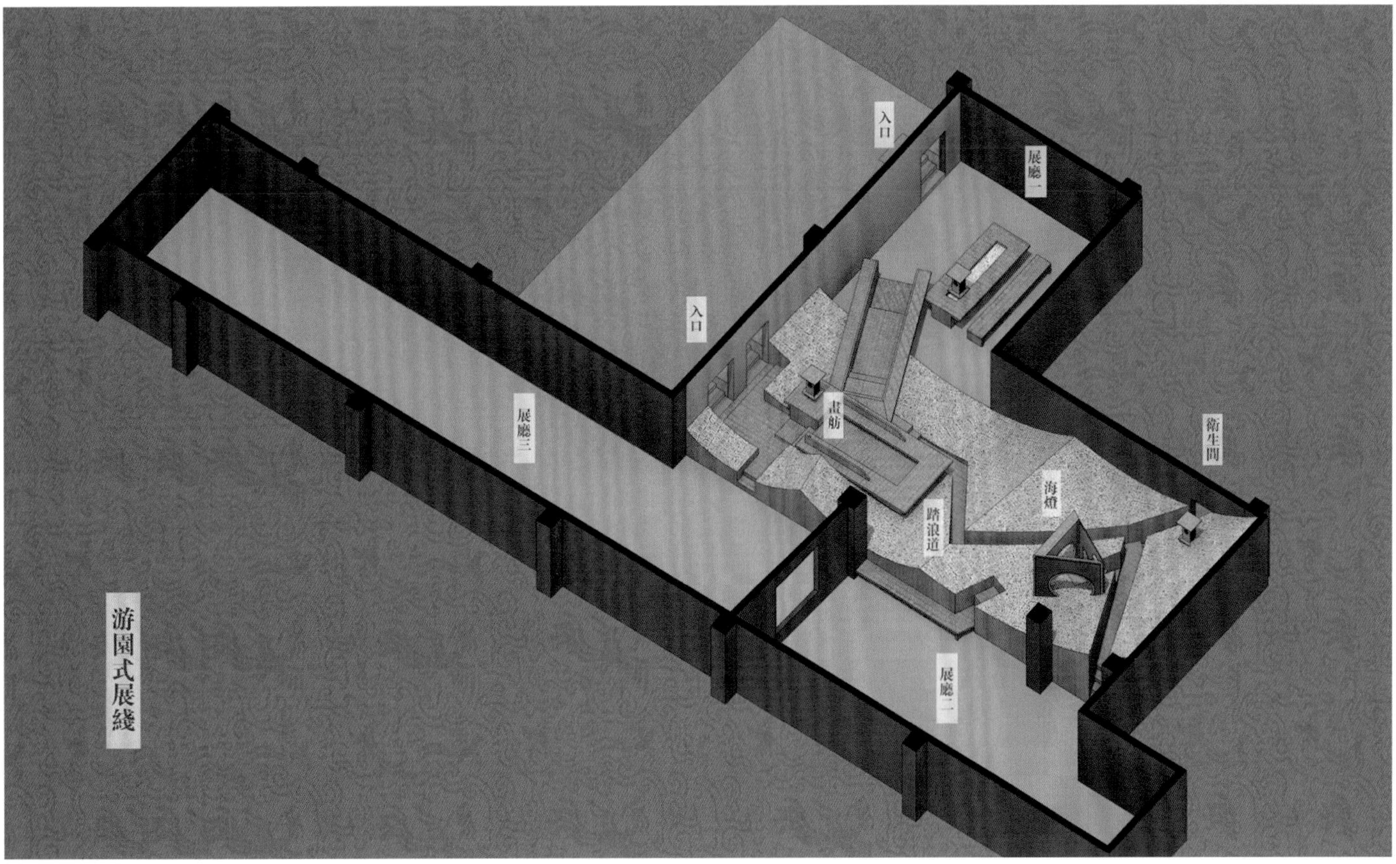

游園式展綫

入口

展廳一

入口

畫舫

展廳三

衛生間

海燈

踏浪道

展廳二

6

惊梦

迎面是“惊涛骇浪”，在这个狭小的地下空间里，截来一段宋画中的水图，掀起大浪，坠入幻梦，恍恍惚惚，很不真实，真是应了米万钟的那句“到门唯见水，入室尽疑舟”，一脚踏进了马远的涟漪里。步入即在一个半层的高度，异样的视野，我们从来不曾在“浪尖”，在“船头”，远远地观看那些展品吧？也从来不曾见到器物散漫地被“丢”在浪上，浪成了展示的自然承台，仿佛大水渡来的馈赠。同时，步履在由十五万片竹瓦绘建而成的“竹浪”之上，你，一样成了展品。（图 7—图 10）

7

8

9

图7：展厅入口第一眼撞见

图8：入展厅第一步——将登船

图9：迎入浪涛的包围

图10：避水踏浪之道

10

游园

观展成为游园过程，观展不是一个平面的行为，而是有翻山越岭的体验起伏。竹浪严严实实堵在了三个小展厅之间，一方面强调了惊梦袭来之突兀；一方面形成了强迫性的游园，一高一下，两个世界的并行。你必须穿越这片“竹浪”，是不太方便，但方便总是最无聊的也是无趣的。甚至去卫生间一样要“穿浪而去”。人跟人，人跟展品之间的关系瞬间发生的变化，忽远忽近，时隐时现。在长展厅中漫步，能见到大浪的剖面与你平行伴行，一波波推远，更有人高高地踏浪而行。

这组竹浪，是有寓意的，即“竹海钩沉”。这个展览是传统中国竹器工艺的复活研究，即是在传统的海洋中打捞、钩沉、索隐……将历史的深层沉积挖掘出来，在当代复活。作为序幕的园林直接表达了展览的意图。

大水之样，截之于宋画。马夏半角，一勺代海，一拳代山。即以局部映射全景，小中见大，虽是局部，气势不输，以两三波观想钱塘大水。齐齐的切法，断面的强示，尖角的保留，水纹的刻意刻画……能见到夏圭的棱角分明和马远鬓丝纤毫。

作为涟漪水纹之竹瓦，借之于中国美院民艺博物馆的“东方竹”之竹浪。这是材料的循环，生命的延续。竹瓦有自己的母体，展览结束后，十五万片竹瓦依然要打包运回美院，等待下一次

图11：风浪之上遥望展品
图12：竹浪作为前景
图13：月灯内窥到展品
图14：风浪作为器物的承台

11

12

13

14

的使用重生。

水图的绘造，从民艺馆到南宋序集，一直是一个公共事件——钱塘人绘钱塘水。我们制定好几种的铺法类型，然后交代给志愿者相对自由地发挥。小小一百平方米，几十人齐上阵，猛一看去，有一种海鲜市场的热闹熙攘，人的密集立即表征出这个被压合的时空之难以度测的维度，让人难以分清舞台和现实的差异，难以分清水图究竟是“绘”还是“造”。我越来越能感受到童寯先生言“园林是立体的山水画”概括之精准与微妙。同时，童老先生说的“没有花木一样成为园林”一语太值得玩味，说到底，园林并非一种天然的自然，也并非需要天然的自然，中国园林是一种高度发达的人造自然系统，一如中国的山水画。

竹瓦并非仅仅是一种肌理，也不限于笔法的表现，而是一种材料对情境虚设的隐喻，是一种生命集群性之齐鸣，如箫笙管弦的齐奏，如万千个秋虫的共鸣，充满了生长感的芸芸密集，是弥漫的万籁，也是一种集体建造活动的痕迹。

这是一个瞬间的园林，三天设计，六天的建造。一个月便拆除了。不永恒，即是惊梦一场。而园林，当是不永恒为好。（图 11—图 17）

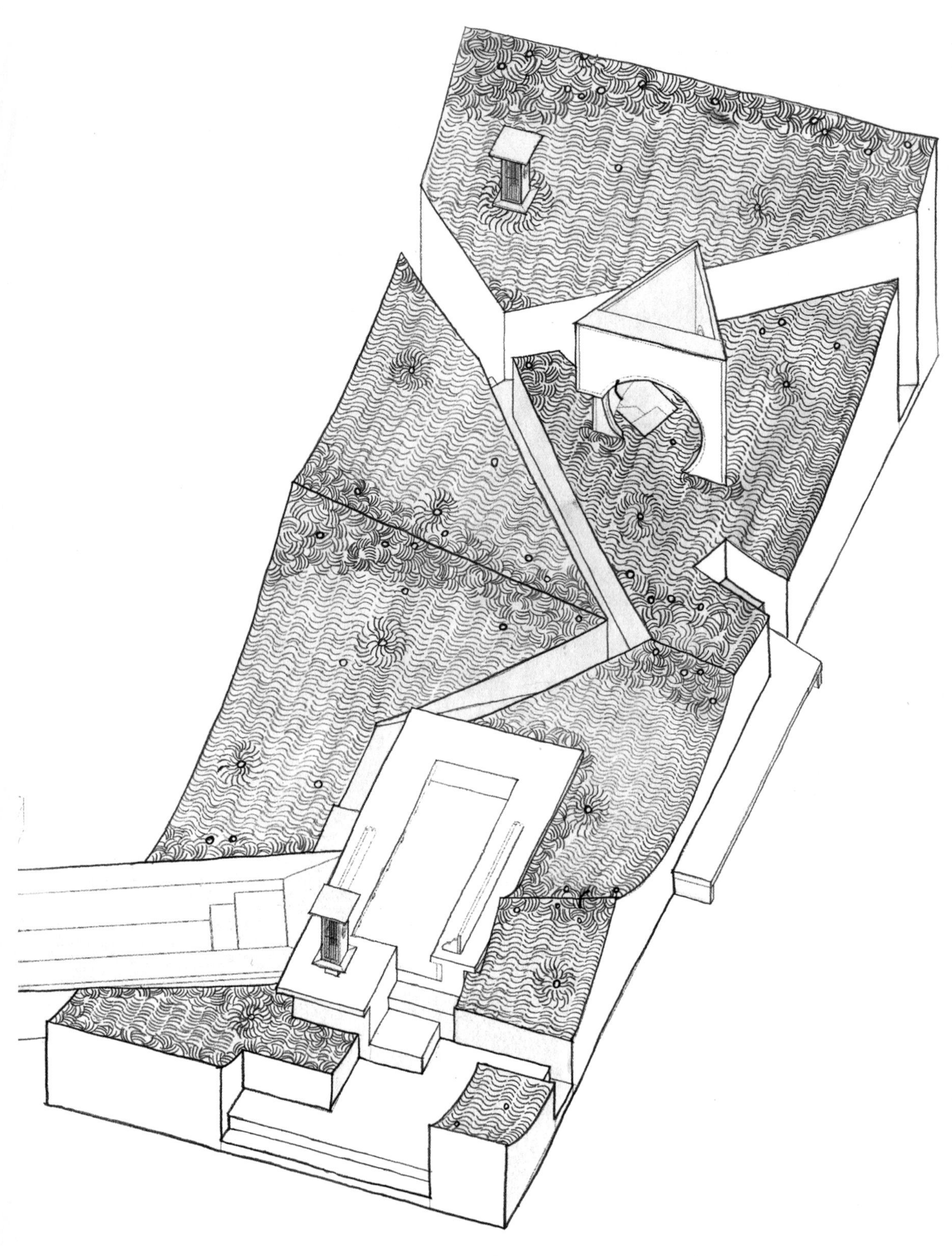

15

图15：竹瓦铺法图

图16：似乎遗珍

图17：集体共绘水图

16

17

项目信息

展览名：今竹·生活器物展

展览序幕空间设计：造园工作室 中国美术学院 建筑艺术学院

建筑师：王欣、孙昱

手绘：谢庭苇

策展人：孙丽娟

制作方：杭州日兴家具有限公司

地点：杭州市中山中路南宋序集

时间：2018 年 8 月

千人共座，卧游桴槎——

园林装置《渡去博古园畴》记

在中国，『山水』并非原生自然，也不是原生自然的直接摹写。行之成熟之『山水』，是以自然作为载体的人世叙事。我谓之『人文的自然化表达』。

今为北美渡去一片“中国山水”，我名之曰：渡去博古园疇。（图 1）

这是一个看似奇怪的复合词，词名的复合叠摞，即是一种山水与园林的新形式的探索。说起“园林”二字，我的脑海里不是我们所熟习的古典园林之遗构，而是有关山水的模式化生活之全部：躬耕，溪渔，金阙，松风，华灯，夜宴，诗酒，文会，鲸背，桴槎，方壶，瀛洲，瑞鹤听琴，重屏会棋，清暑殿，广寒宫，樵风，渔火，拂石待煎茶，展席俯长流，东山捷报，云中取月……无数残影碎忆之总和叠像。

新形式的产生，源自这些山水生活片段之重叠媾和。我试图用一种新形式，来描述有关园林的时间之积淀，大小之跨度，身体之记忆……一种重影叠透的表达。带着陌生但似曾相识的恍惚感，坐卧于历史的层层画意之上，与故人共座，与故去的时光共座。

渡去博古园疇，是一种叠像形式，一种残忆形式。大致为四段残像叠合而生。

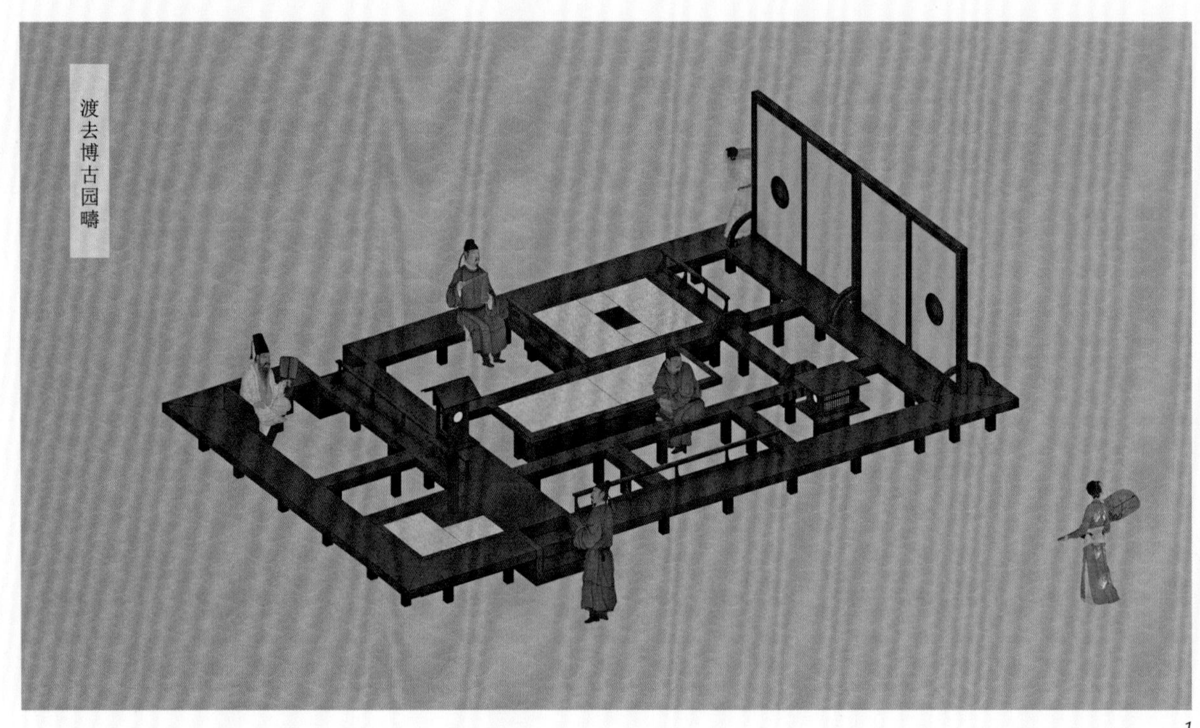

1

残像一：阡陌平畴

阡陌纵横，田园平畴，是格构化的风景，是山水文化的农耕根基，是园林之初光，是“圃”字的一个大写，带着田间的烟火气息。农耕的结构之美，无遮无碍，一横一竖一斜，一笔一笔向远处织去。“陌上花开，可缓缓归矣”，隔着阡陌所建立的一个平远辽阔的视野：观采桑往还，荷锄早晚，村童征逐，爱人归来。（图 2）

图 1：《渡去博古园畴》设计图一
图 2：阡陌，格构化的风景

2

残像二：博古院格

博古架的倒地，便是院落群的顿然升起。一组微缩的院城，如桌案般俯身可亲可近，可坐可卧。多宝格子，是多样性的簇集。人的各种格间活动，是多样性的收藏与并举。二楼眺去，博古架以地景式呈现，似传统“院城”的戏剧化摘要：中庭及巷中事皆可见。（图 3）

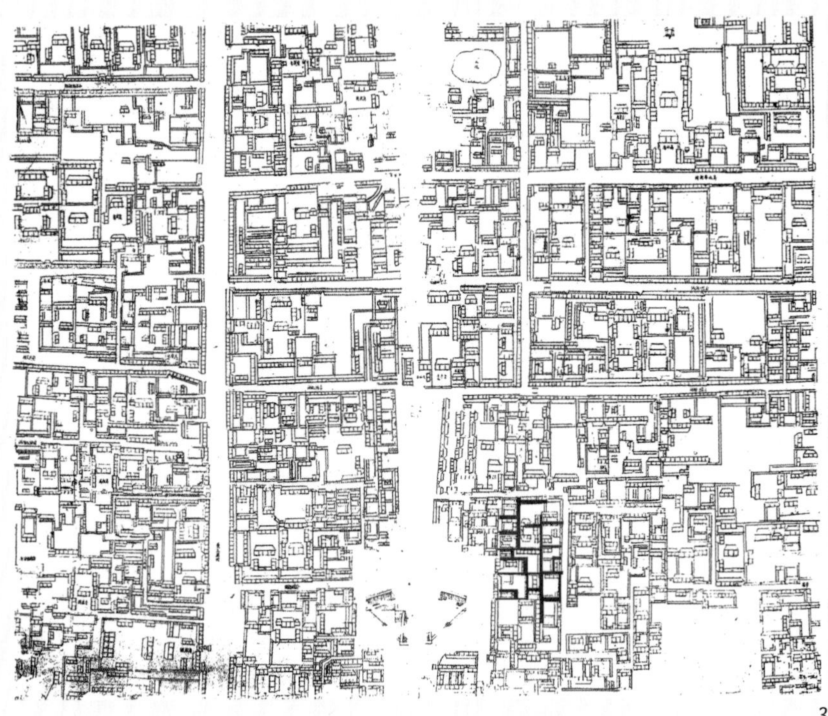

3

图 3：院城母体的局部摘要

图 4：《校书图卷》中的高床

残像三：卧游高床

魏晋高床建筑之残余，一片基础脚群。高床，是建筑的起始面。我们可以认为，那时的建筑起始于一张巨大的床，一张可以承托所有活动的平面，它是我们传统中的第一件家具，也是最大的一件。在这张巨大的可以无限延伸的家具上，宗炳谈了山水的“卧游”。以高床作为人文坐标与观想基面的卧游思想，标志着山水画迈入了自觉。高床，代表了卧游坐望之观。（图 4）

4

残像四：屏风广座

我们所熟悉的南官帽椅，其基因可以概括为“高床屏风”。“凳子”的部分是高台，源自席面之高抬：高榻，壸门床。背靠部分，是席上屏风与凭几之复合。南官帽椅即是“屏风广座”之凝集式，因此虽为家具，但总带着建筑的格局与气象。这是一张巨大的南官帽椅，这是对其基因的形式追现。五代之后，中国人渐渐不再同席而坐，今期望以巨大的海墁式座位，重返千人共座之盛景。因此，其另有一名，谓之：千人座。（图 5—图 7）

园林渡去北美，若上古之“仙人桴槎”，一座带着自然意态的浮筏方舟，驶向彼岸世界。送去中国美院“孤山平湖浩然明净”的湖山精神，送去中国山水的观法。

与故人故时共座，与另一个世界的人共座。（图 8—图 19）

5

图5：凭几加高床，官帽椅的基因
图6：南官帽椅
图7：屏风与广座的合体

6

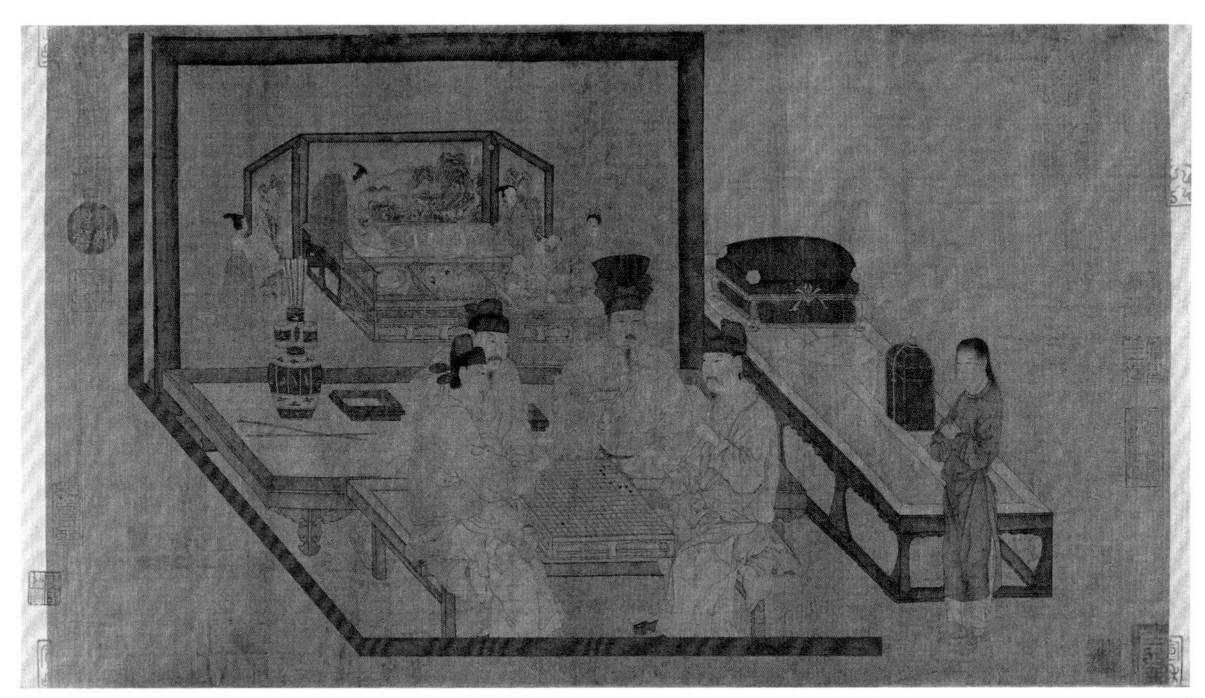

7

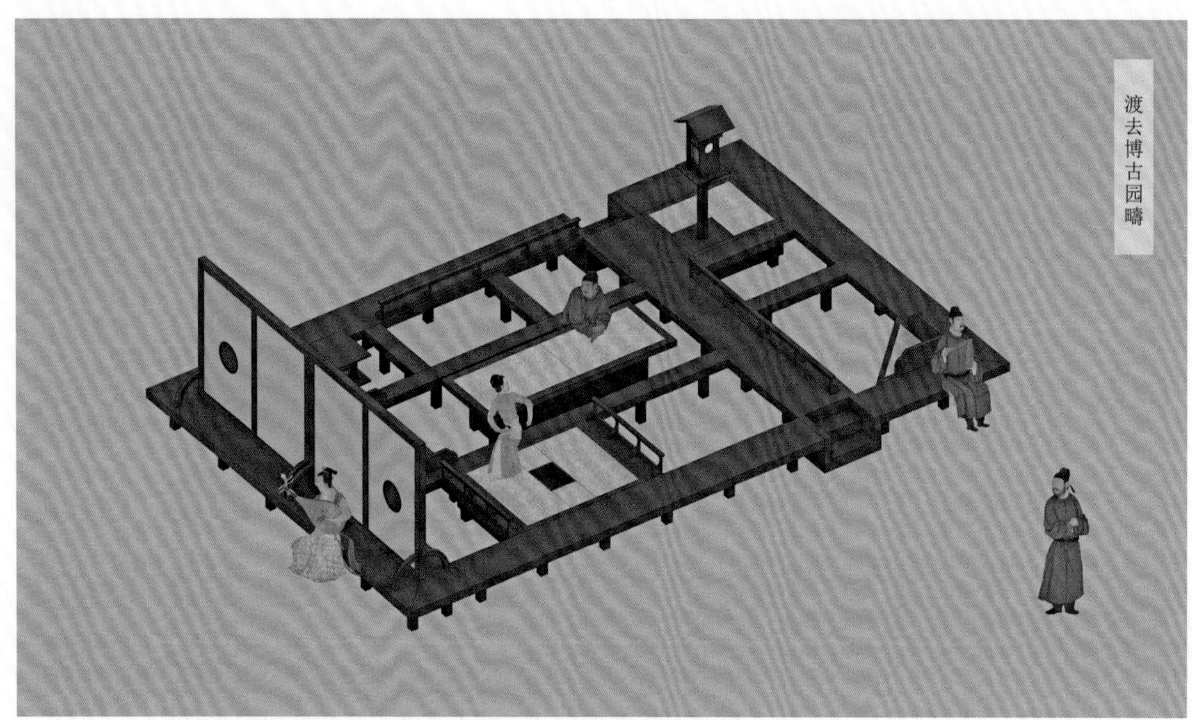

8

9

10

11

12

图8：《渡去博古园畴》设计图二
图9：《渡去博古园畴》设计图三
图10：千人座落座于旧金山美术学院切斯特纳街校区展厅
图11：卧游广座环视周遭山水
图12：空座之阡陌格构

13

14

15

16

17

图13：高朋满座，济济一堂
图14：座内座外的时空差
图15：依舷而坐
图16：渡海桴槎
图17：坐仰巨障山水

18

图18：广座舒长卷
图19：完工之时，建筑师与工人的共座

19

项目信息

作品名称：渡去博古园畸

作品所属展览：哲匠之道——中国美术学院旧金山特展

展览地点：美国旧金山美术学院

建筑师：王欣、孙昱

制作方：杭州日兴家具有限公司

作品完成时间：2018 年 8 月 30 日

展览时间：2018 年 11 月

虫漏时光·闭门深山——

杭州小洞天记

图1：《具区林屋图》，元王蒙绘／收藏于台北故宫博物院

1

王蒙的内形

较之从前，《具区林屋图》的取景是奇怪的。山林没有“峰”，没有“头”，没有至高处。山的上部被齐刷刷地“切”掉了，山的外形被抛弃了，山所代言的政治图景荡然无存。而这样的截取却又不同于宋人的“小品”画法，这并非表达局部的意义，还依旧是满满当当的繁盛乾坤。自宋人始，绘画出现了半边半角之截取，这样的截取是一种带着凭借的指看：指向山外，指向楼外，指向天外……但总也不过是一边与两边之截断。《具区林屋图》是上下左右之四边截断，与外界没有丝毫的暗示与关联，只有内向深度的无尽纠缠与猜想，自足的，涨得满满的。（图 1）

除却左下角之缺口，整幅画充斥着难以言表的揉卷谜团。宋人的清晰、准确、干练等一概不存在了，山石之前后、深浅、远近等皆不明了。但不是不可阅读，总还有几个茅舍院子悬浮嵌合于这团云坞之中，作为山之“深意空隙”的建筑弥补，让人有喘息的地方。有不甚明显的路转、峡谷、溪岸等隐隐约约可见，也是为了谜团之寻迹之可能。在建筑课程上，我常常将此画形容为一块“陈年的抹布”，王蒙兴许开创了一种新的空间表达以及相应的笔法：弥漫的、含混的、矛盾的，似他的一团如麻心思。一个缺口，通向一个谜团。然而，并没有出口，不需要出去，自成天地。

王蒙的创造，是用的非外形。以无形的方式，作内化的描述。山可以不如黄钟牌位之巍峨伫立，不如腰鞍马肚之荡气绵长。山可以以无外形的方式存在，那么，它就是“洞天”，一个内在的世界。

洞天的课程

有关山水的建筑课程进行了快十年，虽都建立在感知与经验的讨论上，但都难以脱离对“外形”的执著。我们习惯于将山以“外形”的方式来观想，这是危险的。于是我又提出专事“内形”的讨论，去年做的即是“洞天”，一个学生一个“洞天”。洞天，是山之“内表”，是内观的表达。洞，当然有其本体的价值，但主要还是作为研究山水与建筑的另外一个角度。

在洞天的角度下，山不是远远地观看对象，而是你的周遭，如一件巨大褶袍，将你包裹着。你画不出它来，没有所谓完整意义上的形，有的只是无尽的粘连的层次与多向的指向，有的是深

2

3

陷其中的气氛。形的由外转内，导致原本以视觉为主导的形象结构与叙事体系几近崩塌，物与我难再分离。所谓的山水皆付诸肢体感受、亲密接触以及遥想，皆化于读书饮食、坐望起居中。山水变成了日常起居，山水被身体化了。

洞天的课程，即是一次山水自人身周遭的出发。山水不在远方，在尔周身。

洞天的讨论，有着类型学的意义。洞，是最早的“山水建筑”，我们对“洞天福地”“琅嬛福地”总也念念不忘。那是人的起源地，所以也成为后世避世的原点，至少是思想上的原点，一如文人心中的“草庐”。草庐并不是茅屋。草庐催生了对最小状态建筑的发问，催生了容膝斋，也催生了日本的茶室系统。那么洞天会引发什么？（图2）

当然，还有价值观的讨论。道家所言洞天，是其所建构的近似人体的有机化的宇宙结构，同时也是对平行世界的多极性、多样性、平等性与相对性的认同与向往。这是一套特殊的天观、地观、人观以及物观。大中有小，小中有大，有中存无，无中可生有。《紫阳真人内传》中言：“不仅山中洞是天地，人脑中空间亦为一天地。”即承认脑中可以独立一个世界。洞是各天之间的通道，亦可独立成为一个天。无论大小，虽洞但依然是天，有着自己独立的时间节奏、尺度、言说方式，以及独立的价值。（图3、图4）

我记得当时开题的第一堂课叫“寻找传统中国的极小世界”。

课程的后来，除了收获了十八个洞天之外，更是让参与者产生了对“小中观大”“无中生有”的习好：竹木的虫漏（图5）、袖峰（图6）、壶中林屋洞(图7)、随处路遇的残损与孔洞(图8)……

4

5

图2：宋代的文人草庐

图3：洞天的一种，萧云从《学洪谷子法册页》

图4：《五百罗汉图》之喫茶，南宋周季常、林庭圭绘/收藏于波士顿美术博物馆

图5：釜盖摘子上的虫漏

图6a：虫假山

图6b：漏便面

图7：壶中林屋洞

图8：文村，溪中小湖石被当作普通石头无差别地砌补入墙

6a

6b

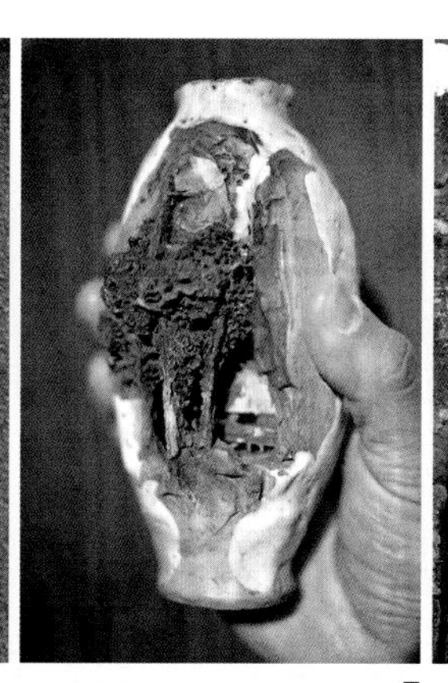
7

8

9a

9b

一个洞房

很巧的是，洞天课程结束后不久，有一位资深的赏石藏家马平川找到我，请我将他现有的工作室改造为园林。老马是安徽灵璧人，灵璧县自古产灵璧石。他从十几岁时就开始研究石头，收藏的赏石大大小小加起来有十万块之多。我问老马："地方有多大？"他说："室内60平方米，室外露台20平方米。"我从来不怕地方小，就说："你玩石头三十多年了，工作室即是你的林泉之心。要跟山石有关，基于工作室的小以及不外显，那么我们就做个洞天吧？"于是我们把名字就定好了，叫作"小洞天"。无中生有，一个小小的世界藏在良渚文化村的一个酒店式公寓里，外界完全无法想象有这样一种"时空"嵌套在这里。这使我想起了《鸿雪因缘图记》中江边悬于高空之石洞。（图9）

老马说设计完全自由，但我还是希望他提出他的要求。他熬了一个晚上，写了一篇文章给我。我一看，要求很多，近乎大宅功能。不过"洞天"本身自成世界，也当是无所不包的。要求的多，便是促成了"山水日常化"的一种形成机制：自设计成形一直到施工结束，老马对每一处形式，每一处高差，每个洞口大小几乎都提出了疑问。这当然也不奇怪，因为这是在建立一个洞的世界，这个世界谁也不熟悉，需要重新讨论。

起初，老马问：小洞天要匹配什么样的家具？这是个好问题，洞天是不需要匹配家具的，洞天本身具备生长家具的能力。李渔论及园林中"零星小石"："使其斜而可倚，则与栏杆并力。使其肩背稍平，可置香炉茗具，则又可代几案。花前月下有此待人，又不妨于露处，则省他物运动之劳，使得久而不坏，名虽石也，而实则器也。"地形即是家具的母体，最初我们对家具的认定，即是面对地表的高差寻找。传统中国文人的山野茶会，亦常常不待桌椅。偶遇一片林泉，便各自寻找能坐卧凭靠的凸洼起伏，一块卧石，一截残碑，一个树桩，一段山阶，一根斜枝，便可以借此安排自己的姿态，并划定交流的范围。正是如此随物赋形的群体弹性，在雅集之后因追念而制作的高士图，亦是依据地形而不拘姿态，自然而然的，

不似如今的集体照，整齐划一如商品般陈列。（图10—图13）

小洞天的家具一方面由高差来抽象喻示，另一方面将特殊设定的家具如浇铸般熔化于地形中，留出一头一角，作为地形跌宕之犄角势眼，不至于混沌一团。同时，也暗示着时间的积淀，是消磨风化的遗迹表达。小洞天的整个地面，就是一件超大的家具，没有确定的属性，在仪轨的暗示之下，保持着误读误用的开放。

十屏八远，园林结构进驻房间

六十平方米的室内，纵横编织了十道层次，行经五道序列，我谓之“十屏”，就是十道屏风。屏风的建立是层次的建立，但最终它们以物化景化的方式被隐去。屏风的引入，是让一面墙具有了景观的意义，将边界空间化与景致化，当人以

10

11

12

图9：《鸿雪因缘图记》中江边的石洞/出自麟庆、汪春泉．鸿雪因缘图记[M]．北京：北京古籍出版社，1984. a 石洞放大，b 完整图

图10：《文苑图》，五代周文矩绘/收藏于北京故宫博物院

图11：洞对雅集的组织

图12：民国旧照，苏州图书馆员工可园集体照

图13：《娄东十老图》，作于清康熙九年（1670），作者不详

13

为到了一个空间的尽头，实际上又是另一个空间的开始。老马一直担心这个空间会极度繁密拥塞，直到地形施工建立起大概，他说：“现在我不担心了，竟然还有一种辽旷。”我说：“辽旷之后，还有各向深远，这是洞能称为天的必备条件。”（图14—图16）

洞之“深远”，大家都明白。洞之“广密”，恐怕知之者甚少。洞天中央是一个盆地，洞在人居化之后，便有了一个围坐的中心。这个中心是靠火来凝聚的，远古的时候是取暖和烧烤，如今是煮水煎茶的炉桌。盆地汇总了各向深远于中央，四野望去各有出路，空间的划分主要依赖高差，于是视线可以翻飞跳跃。如坐废墟中央，残缺化地围合了一种微微的辽阔，是四围的“奥”建立了中央之“旷”，广在中，密在四围。

中央的盆地，一种极坐标似的环顾山水自来亲人的“卧游”台。由中央的盆地放眼八方，是八远。这八远，糅合了视觉与想象的指向，迎接了日月与光阴。不仅是距离上的远，也是时间之远，维度之远。

眠山之远

山台上的卧殿，钻入橱柜睡去，将自己包裹起来，是藏起来的温柔乡里。（图17）

穿墙遁远

破墙入画，遁入砖雕而去，是被神仙与臆想所带走。（图18）

埋书之远

将自己围在书山里，形成山坑以埋头读书，书中是一个世界。屏风是书页，八扇屏风打开了书中的瑰丽世界：檐下巨大的四分之一圆月，是月亮对书房的闯入，也是登临后的山中月下夜读。（图19）

来路待远

对于雅集中心的穴位来说，要能观到来之山路，看到山路上的“待合”，带着迎接的眼神。

梯云路远

言张生云中取月，梯云而登天，这是冲顶之远。在此可俯瞰盆地，亦可招呼山口雅集的迟到者，守着山口，望着山里。（图20）

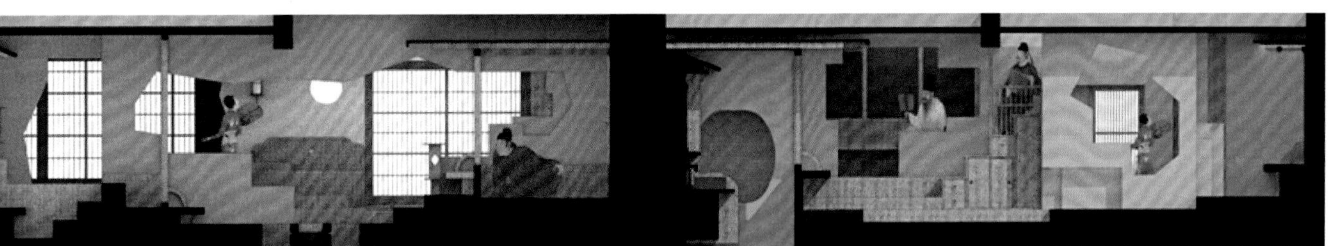

14a

图14：小洞天图纸
a四向立面，b平面

14b

15

16

图15：以火炉桌为中心的盆地
图16：中央盆地的微微辽阔

17

18

19

图17：眠山之远
图18：穿墙遁远
图19：埋书之远

20

21

图20：来路待远，梯云路远
图21：天宫照远

天宫照远

制造了天眼，仿仙人拨云下察人间，一种被全景俯瞰的想象之关照。那是一个午睡之地，“云帐”内的小憩，可以想象侧翻醒来之后的所见，不知今夕何夕。（图 21）

隔山呼远

茶室与盆地隔着书房与山路，经横裂洞口邻座遥望，左此右彼，仿佛隔世之裂观，脑洞之拼贴妄想。（图 22）

叠透洞远

洞是打开天的方式，洞本身并不是终点空间，洞是窥看，亦是对神秘的指向，是对深处的迷恋。（图 23）

洞之广密，即是内部的广袤包容了视觉的各向维度，在一个洞里呈现了与各平行世界之间的联通与关照。

时空的异度

小洞天就是一块巨大的内部化的山石，建设过程中，老马几乎日日驻场，他要看着这块石头是怎么生出来的。多少次的讨论，老马大致理解了我的想法。但这样的设计对于建筑工人来说，都是平生第一次，这些都不符合他们对一个正常房子的理解，半年的周期，日日有质疑。质疑多了，老马亦会动摇。譬如，那些不规则的洞口是不是有杀伐之气，那些近人高的墙角会不会碰伤人，上上下下的许多高差不方便也不安全，等等诸些。

洞天，是对远古的追念寄托之地，是带着想象成分的神秘异域，不是日常红尘。园林中的假山，就是想象中远方的异化存在。因此它极尽妖娆的形态表现，即是要凸显世界的两极存在，此与彼，现实与幻梦，那么的不一样。多窍的太湖石之所以被选中作为叠山的主要石料，也是因为其难以把握的异化形态，假山是一场对梦境的砌筑营造。

问题是，进了洞天之后，我们是否还要做原来的我？我的时间、尺度、观看、行为、习惯……是不是要发生改变？进入洞天，我们就应该是那个被异化了的人，就是仙，就是臆想中的人，就是画中人了。

小洞天是骨感的，嶙峋的，这是对日渐疏远自然的警醒。蔚晓榕老师评价道：“小洞天，就是赤身裸体穿铠甲。”被一个紧密的山水包裹，时时都在提示着你身体对周遭的反应。磕一次头是好的，是“棒喝”；跌一跤也不错，是“石头路滑”。舒适让人迷醉昏沉，小洞天就是陶渊明大醉之后常卧眠的“醒石”，保持着锋利。锋利不是伤害，而是对仪态的塑造以及耽于日常的警示。我们穿上了“山水”这件衣服，在它的要求之下，至少要想一想自己的姿态问题吧，不可以随随便便的。山中是山人，园林中是园林人，姿态眼神都要对。（图 24）

但小洞天依然有它独特的舒适感。洞是一个层层包裹的穴位，形成了人造的风水场域，异常地安定静谧，来人常说：“仿佛回到子宫里面，特别有安全感。”洞天是隔世的，是“闭门深山”。因为空间的异化、反常的日常，也是“遗世”的，来人也常说：“这里使我失去了对时间的感知。”被遗忘在这个小世界里，是“虫漏里的时光”，可谓之“洞隐”。

在墙面施工前的最后时刻，我们为洞壁确定了材料与颜色：草筋石绿（石绿是传统中国绘画

隔山呼遠

22

23

图22：隔山呼远
图23：叠透洞远
图24：将要磕头的瞬间

中常用的一种颜料色）。绿色的洞壁，让老马欣喜不已，也许这与他多年爱山石有关，但还是让很多人不解。我说，这叫“历久弥新”，洞天首先要表达“历久”，中国人习惯用绿来表达时间感：铜沾水氧化而起绿点，我们谓之开出“铜花”。山石斑花，苔痕阶绿，皆是时间的痕迹。故石柱石匾之刻字也多用绿来描填，仿佛历久天成。草筋石绿，是时间之色，开门见绿，是洞开一个被遗忘的古时空。同时，绿是青春颜色，所谓“壶天自春”，洞中一片春意盎然，是“弥新”。亦老亦新，洞天是超越时间的。（图 25—图 29）

繁密的空境

王澍老师曾对小洞天评价道：“这个空间完全不需要其他艺术品了。”我明白王老师所言之深意。我亦深知园林是一个精妙的“松动结构”。松动，即是自然的结构，因为其松动，才有自然的发生。在洞天的课程中，大家一直会有疑问：“文人如此向往洞天，但现存的园林的假山洞，都是不可居的，是没有勇气，还是没有条件？”广义来说，园林本身就是洞天的存在。狭义的洞天，才会联系到山洞。明代叠山家周时臣仿太湖洞庭西山林屋洞，在苏州惠荫园筑小林屋洞。清代文人韩是升之《小林屋记》对此洞如是描述：“洞故仿包山林屋，石床、神钲、玉柱、金庭，无不毕具。历二百年，苔藓若封，烟云自吐。”描述近乎妖精的洞府，精雅得让人向往，但事实上内部质量与自然山洞无异。山洞的条件可想而知，若要可居，还得做转化：房子还是正经的房子，洞是一种异化的围合，或者是异化的进入方式。譬如狮子林的“卧云室”，常常是以“山中陷房”的方式转化洞天以及洞房，这样的做法是常见的，也是现实的。但洞与房如

24

何能彻底媾和？是我想尝试的。其意义在于：以人的起居作为核心来重新讨论“山意”，即山水意思皆落实于日常起居。人的生活山水化，山水经验起居化。在小洞天里，一切都是模山范水的。六十平方米，实在太小了，它要撑起一个世界，并产生与其他平行世界的关联想象。那么，每一角落，

图25：石上苔痕
图26：廊下松月
图27：密阁绰影
图28：云窟插花
图29：春风如厕

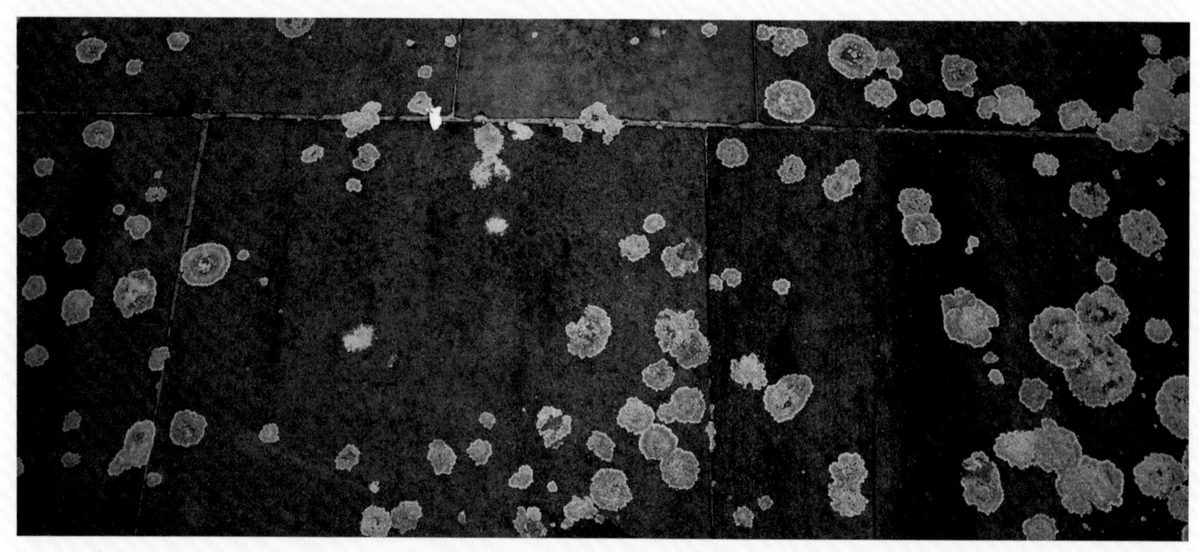

25

26

每一平方米都要呈现意义或者成为意义间的关联，如一个小剧场，寸土寸金。寸土寸金，不是言贵，也不是说要刻意装入繁密，而是要求高度的敏感，随处的敏感。但剧场是依赖人的表演的，我的要求是“无人亦能叙事叙情”。这是对空间本身的要求。我们常说：睹物思人；也说：人去楼空。楼虽空，但它是带着故人的情与事的。空楼，是人的周遭，有周遭在，人犹在。此处的空，并非没有，而是“缺席”，是一种空间的缺席性叙事。我谓之：空间的自觉，情境的自持。我说，小洞天里隐着八张《高士图》，便是此意。（图 30、图 31）

明代有一句小诗：

一琴几上闲，
数竹窗外碧。
帘户寂无人，
春风自吹入。

这多么像小津安二郎的“空镜头”。这是一种无人之境遇，是不受干扰的自然运行与生发，但总带着人离去的痕迹以及对人的邀请，伴着画外远远的声音，人随时可能踏入画面。

小洞天所有的高差与片段形式，皆包涵了人的印迹。我希望建筑以“言尽”来催生人之“意足”。六十平方米，用建筑铺叙了一本小说，把话说完了，确实不需要其他事物的介入。除了人，只有石头可以进入，而石头亦是一种等待和伫望的存在。在设计之初，我都给它们留好了位置。

小洞天，是空的，同时它也是满满的。空，是并不需要外置物，这是零的状态。满，是因为空间本身可以自足叙事。造园，不是一种似乎悠游的随性随意之事。其虽为自然形态，但也是一个高度精密的构造，如钟表一般。（图 32—图 43）

27

28

29

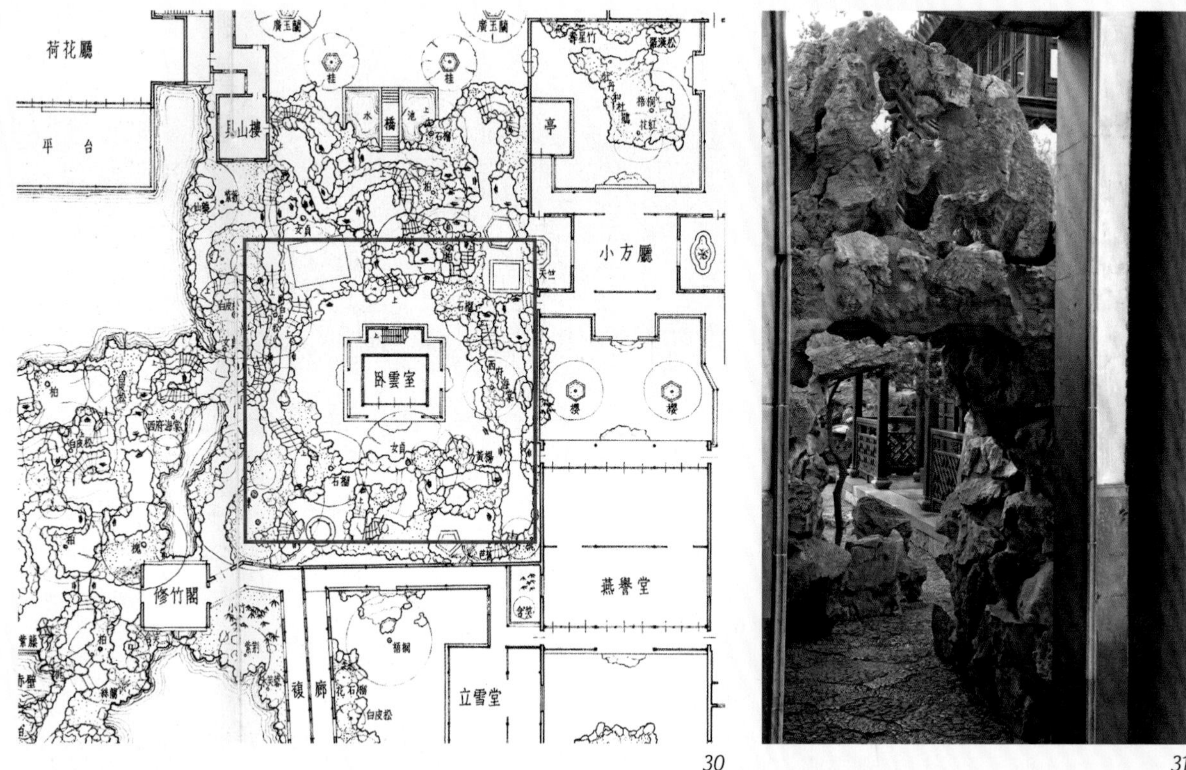

30

31

34

35

图30：狮子林卧云室
图31：进入『卧云室』的一种门
图32：小洞天入口
图33：仅容一人的洞口
图34：洞现无尽深远
图35：窥见山中雅集
图36：转而见山道中待合
图37：洞府顿显
图38：中央盆地如怀抱般打开

32

33

36 37

38

39

40

图39：庭院对洞天的回望
图40：华灯夜点石
图41：瓢灯照射下的艮岳遗石
图42：山道间石探首
图43：云窟中石浪

41

42

43

项目信息

项目名称：小洞天
项目地点：杭州良渚文化村
设计单位：造园工作室 中国美术学院建筑艺术学院
主持建筑师：王欣、孙昱
设计团队：林文健、李欣怡、顾玮璐
业主：马平川
建筑面积：60 平方米
建成时间：2019 年 1 月

人世断片之交遇——

虎美术的屋下造园

山水画画的是一个世界，这个『世界』是什么意思？一张画是囊括不了世界之大的。这是『观』的界限，画不全世界，人也一样看不全世界。我想说，世界的意思存在于世界的十字街口，在这个十字街口，万千事物在此不期而遇。（图 1、图 2）

1

2

图1：虎美术，袖阁与街亭之间

图2：十字交遇（北宋 郭熙《早春图》）

图3：十数种事物在此汇聚同框（苏州环秀山庄复原平面图）

同框交遇

山水画之胸怀，不是包揽，而是对事物相遇的框取，是关系的集萃。苏州环秀山庄大假山庭院，即是一个世界的十字街口。因为用地小，所有的事物皆自边界向内生长，从而交遇再交合：山，只是一山脚，与墙之截断痕迹明了；谷亦是半截谷，止数步之纵深，借廊房屈曲以增其奥；廊，依墙扣角而围观；阁楼，探出界墙而悬瞰，取峦头。西北与东南对角两处“雨天瀑布”汇之中央……三边事物皆向中心涌来，形成溪谷之观，终收之月台回廊，再收之南大厅。十数种事物在此同框，山、谷、溪、廊、房、台、桥、雨泉等，形态少全，大多作残缺状态。残缺代表了各自背后蕴藏的无尽体量，累累乎墙外矣。残缺为一种姿态，代表了相遇的意愿，残部是“势锋”，是敏感的线头。（图 3）

虎美术艺术工作室，是一个一百多平方米的室内设计。造园不分室内外，屋下正可以自设天地时空。将“天地”的观念引入室内，室内当作室外，所谓“屋下之天地”。于是，视野与手段陡然变得宽广，房子看作院子，房子四周的墙，不是边界，不是尽头，而是八方世界汇聚在此的“截面”，截了各个世界的衣角，在此“同框”。如斯，房子的理解发生了颠覆。房子，即是收来一个相遇的时刻之框。一百平方米，可以做多个世界的交遇之“十字街口”。

十字街口，不是说形态近似。“街口”是汇聚之意，“十字”是时空之交遇之喻，古今之遇，想象与现实之遇，平生离奇之遇……譬如《十字坡》，譬如《三岔口》。时空能交遇，即是在时空被切剖的“断片”之上。断片是“际遇”之际，是门槛，是破窗，是残垣断壁之当口，是洞开之时。

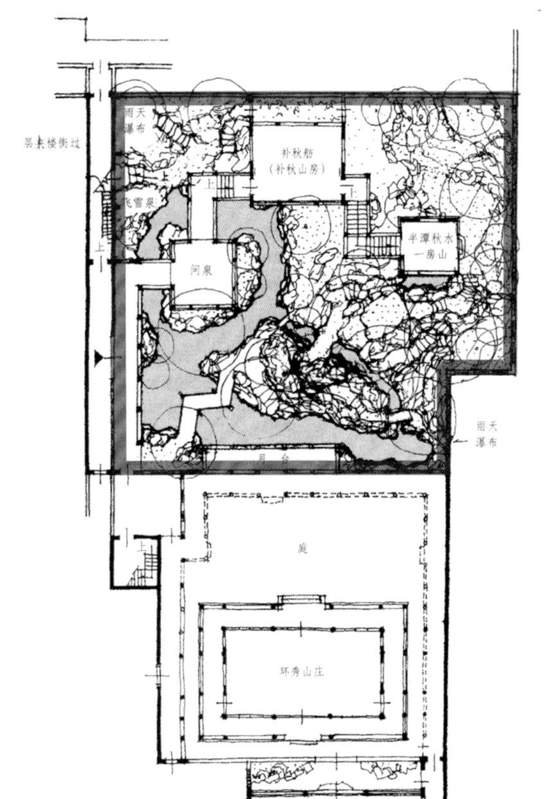

3

断片

德勒兹说：“没有同一种类的时间，时间过程被性质不同的事物所终断，因而时间不是连续的过程，总有偶然性的裂口，把时间弄碎。”我从来不相信所谓的“完型”，完型只存在那个观念化的彼岸世界里。在日常生活的维度里，完整与完型并不存在，人世间日常都是琐碎的，片段的，间歇性的，看不全的，也一直在被打断。“断

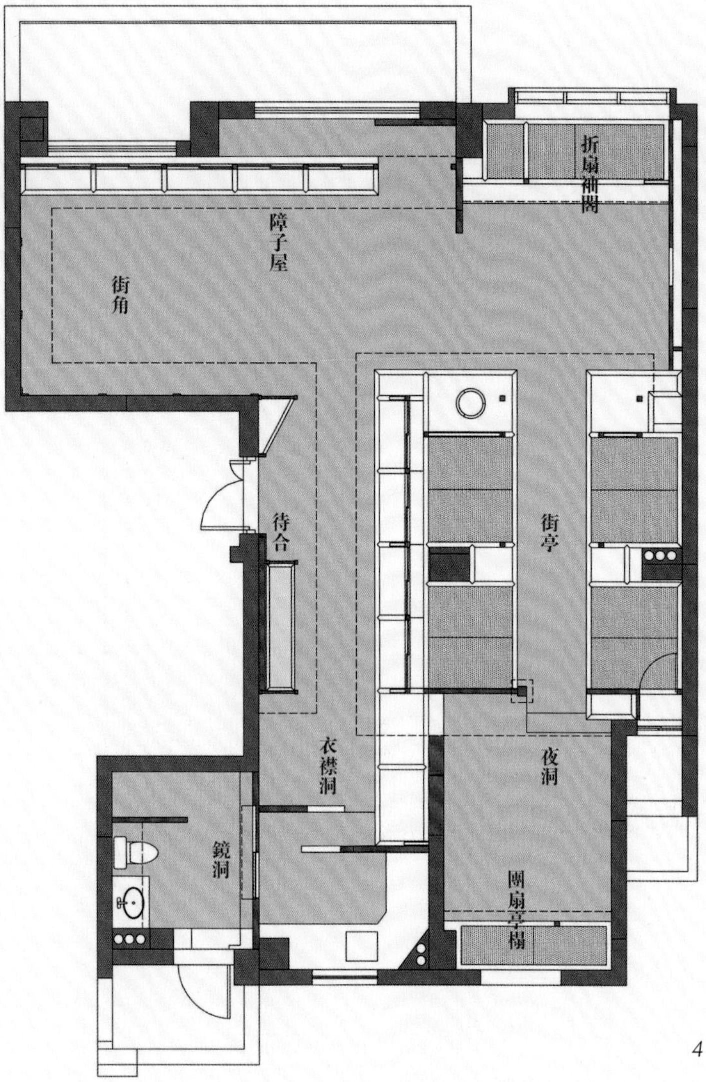

4

图4：九个断片的十字交遇（虎美术平面图）

片”是真实的存在方式，是我们所见之限度，所思之常态。虽断片，但无损于意义的关联与延伸，限度并不阻碍想象，对于造园而言，追求完与全，反而有害。

断片的意识，首先要承认不纯粹。这是一个纷杂的世界，是万事万物交织的世界，没有天外来物和上帝赐予。其次，要认同不完整，生活就是琐碎的，我们无法超验，难以高维度地作为，我们一直深陷其中。枯藤，老树，昏鸦，古道，西风，瘦马。不是我们不会构造完型，而是我们选择以片断的方式来诗性地连类万千事物。断片，作为一种价值观与方法论，即思与作不离人世间。“道不远人”，我坚持以人的角度与维度来叙事和再现“人世间”。

屋下营园，建筑是经营位置的主体。建筑是“景”本身，也是景的观看方式。这里引入了九个建筑。当然，它们难以被称为建筑，只能说是一些建筑或情境的“断片”。它们各自属于墙外的不同的世界，在此汇聚，探首对峙的同时，又指看了不同的方向。（图4）

九个断片：街亭、待合、夜洞、团扇亭榻、折扇袖阁、衣襟洞、镜洞、幛子屋、街角。

一、街亭

一个园子里，须有一个舞者。接天地，通四方，搅扰气氛，观定格局。在十字街口，须有一个亭子，聚路人在此歇脚、聊天、闲眺、打盹。街亭是核心，它要对四面之景：与待合，形成小街一段；与袖楼，开林荫之怀；中通山路，指向幽冥的“夜洞”；对角幛子屋与街角；斜睥睨衣襟洞。因此，街亭的形态是各向异形的，体积松解：一面带着完整的幛子门立面，一面却是剖面，直接观到了内部，一面依墙，一面是巨洞。两条道在街亭内外南北并行，一条是街，一条是山路。两条道，形成相互伴行的观看。待合，代表着外面的世界，有旭日之升起。街亭，代表着内部的纷繁熙攘。四张高床沿路布置，是山里茶铺的意向，也是城市里“过街旅店”的残忆。街亭，是一张巨大的床，在这高床之上，环摄四周之景，是“卧游”的本义。（图 5）

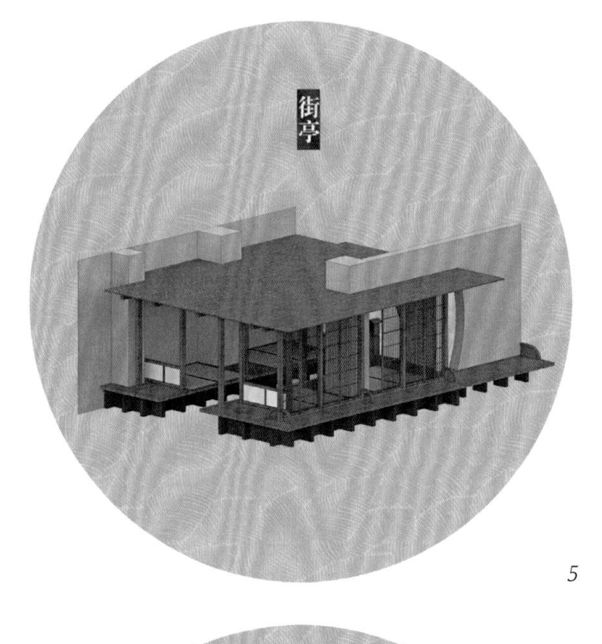

5

二、待合

待合，即等待相会的小亭子。一个厚度仅有四十厘米的薄片房子，与街亭相扣而成街。待合仅容一人角座，二人比肩共座，与天青旭日同框。（图6）

6

三、夜洞

街亭山路向北，指向夜色弥漫的山洞。以扎染之色喻夜之幽冥，传说妖精所经营之洞天，精雅温暖，洞中嵌套了一个以团扇支撑的小亭子，为卧美人而设。夜洞中反眺街亭，几如隔世之眺，窥到人间之鲜艳繁密。街亭与夜洞的叠合，可称之为“林屋洞”。（图 7）

7

四、团扇亭榻

传统中国所言洞，是一种天的存在方式，故唤作洞天。洞深处置一亭以示自有乾坤，亭因卧榻而升起，亭柱为一长柄团扇，卧榻与团扇，皆为洞中美人设施。无人的情境，是等待，也是邀请，我称之为“空楼叙事”。（图 8）

五、折扇袖阁

街亭之南仰观，有一红色小楼，框守南窗，占据光之通道。左右伸出两片“袖垣”，分别为松窗之袖，石榴窗之袖。呈抱迎之态，与街亭之敞怀相对。一小一大，一俯一仰，似挽袖共舞。以折扇为柱，是柱之情态化，仿佛邀人执扇端坐，因为折扇柱，我们看到，一个建筑居然可以被人所秉持。（图 9）

六、衣襟洞

洞，不只是山中独有，日常皆有。洞，有一种意思是对深邃未知之将启。层叠衣襟的渐次剥离，折扇画的缓缓打开，皆是一种“洞开”。街亭与待合相夹之街道，总有纵深的指向，衣襟与折扇的交叠，是对深远的渐开。（图 10）

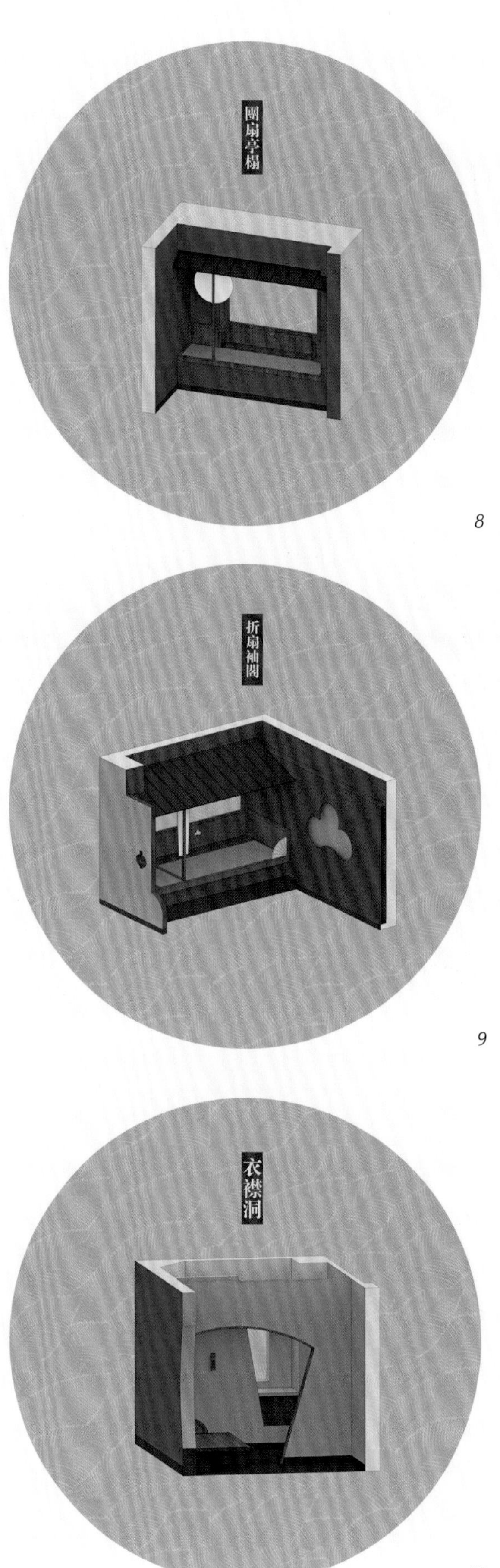

8

9

10

七、镜洞

洞，要有无尽的套叠。套叠是带着方向的转折，暗示了斜向的观看。镜子，亦是一种洞观。打开镜子，再生出别壶天地，那里是卫生间，带着逃逸状的隐秘，是洞之连环。（图 11）

11

八、幛子屋

街亭对角，须有临街大屋与其相峙，而室内已到边界，以一面长长的幛子门檐指代大屋，以松花玻璃柔化南来阳光，形成一条光街，昼夜有着截然的不同。绕过幛子门檐，可去向室外。（图 12）

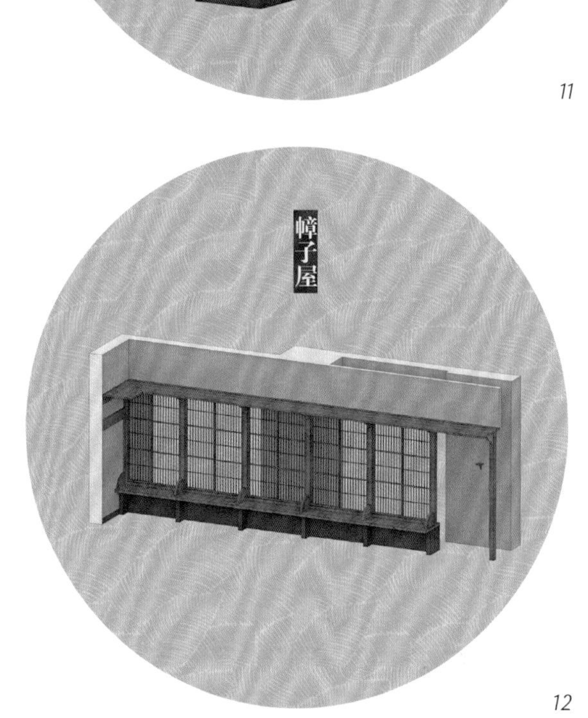

12

九、街角

街口总有看似无用的角隅，那里背风迎阳，是劳作和摆摊儿的好地方。（图 13）

13

图 5：街亭
图 6：待合
图 7：夜洞
图 8：团扇亭榻
图 9：折扇袖阁
图 10：衣襟洞
图 11：镜洞
图 12：幛子屋
图 13：街角

这些断片来自不同的时空，或在书中，或取自画中，或是想象，或是街头所见。不同的断片不仅是形态上的差异，而是境遇时间的差异，但在此地交织了，相互打断，产生了难遇之“景”。因为时空交叉断裂之处所见，所以才有“惊为天人”。（图 14—图 31）

这件山水地景红袍上，园林以断片角隅的方式同存于茫茫宇宙之中，一个断片即是一个星球。一个断片，即是一个念想，一段梦境，同存于漫漫思绪之中。这件衣袍，饱含了对断片价值的认同与热爱，也许恋恋不舍，将它们日日背负在身上。（图 32）

在传统中国的世界里，一角桌椅，一片乱石杂树，一处汀渚，一断残忆……皆能自主，有着独立的时空与价值，……断片自主，但并不自足。它的断，它的不完整，即是在告诉我们：它在寻遇。

断片，是一种东方化的“松散几何”。

园林不一定要造一个世界，但一定要造出不同世界事物的相见，遇见即会出现一个世界。我想起十五年前，与王澍老师同游拙政园。王澍老师对着一处铺地材料的“相遇”驻足良久，我跟随拍下那一刻，事物同框的诗意，竟然呈“十字之坡”，不期而遇，充满了生气。（图 33）

图 14：推门见到的茂密

图 15：斜见折扇袖阁

项目信息

项目名称：虎美术（艺术工作室）

项目地点：杭州

设计单位：造园工作室 中国美术学院建筑艺术学院

主持建筑师：王欣、孙昱

设计团队：林文健、李欣怡

施工团队：汪忠平团队

完成时间：2019 年 1 月 15 日

14

15

图16：剖面化的街亭
图17：双道伴行各自向洞
图18：衣襟洞口外窥看
图19：过街高床
图20：夜洞观去人间
图21：街亭观待合旭日

16

17

18

19

20

21

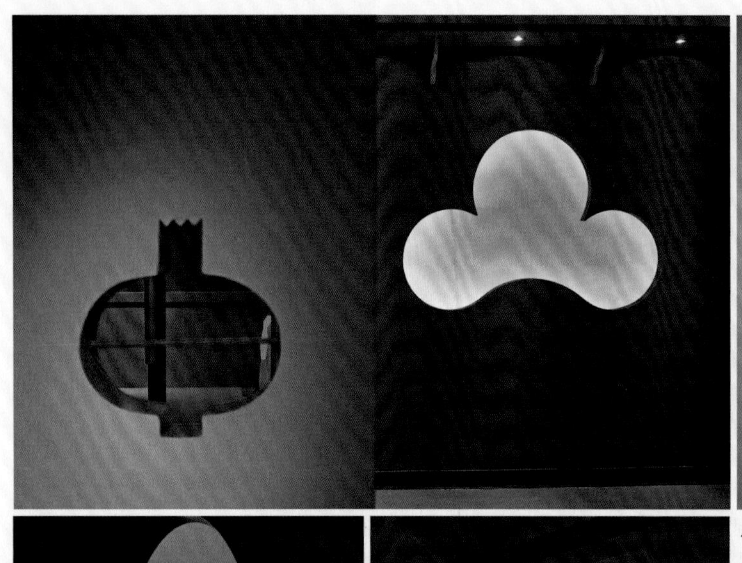
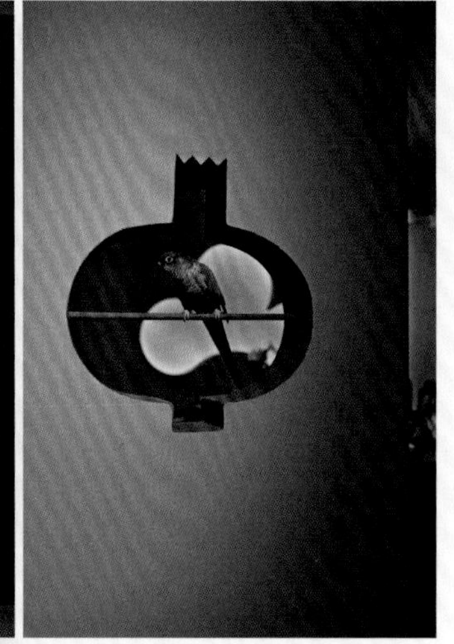

22 23

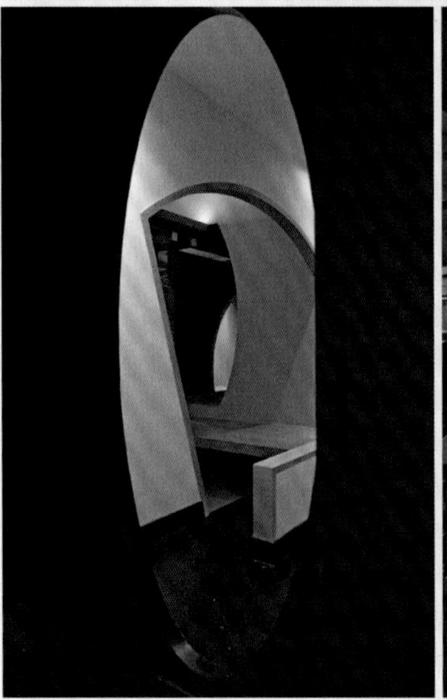

24 25

图22：双袖
图23：石榴窗为鹦鹉设
图24：镜洞向外窥看
图25：自夜洞口观去镜洞
图26：小街窥见夜洞瓢窗
图27：小街一段
图28：虹门收来繁华
图29：如隔世观

26

27

28

29

30

31

32

33

图30：折扇袖阁
图31：夜洞劈视
图32：清代山水地景缂丝红袍
图33：多种材料的十字交遇

截来一角·模山范水——

安吉松荫茶会记

我曾经的学生方恺，现在日本留学。两年前他跟我说，想送他父亲一个礼物。他父亲是一个乡村教师，心里一直有着一个文人园林的梦。这个礼物就是一座小园林。造园的场地就在他父亲家院子里，正房与厨房之间。一边长7米，一边长8米。大家都说太小了，而我觉得正好，这样的大小，正好以身体来主导感知。（图1、图2）

1

2

山形大家具

园名先于造园，名“松荫茶会”，期以茶会为主题。此小茶庭预设两种茶会：一个是中国明清常有的山林茶会，借自然天地作为集会场所，幕天席地，各人需要找到一个自然物：石头、树桩、台阶……让自己待下来，配合以相应的身体姿态，停倚坐卧，每个人找到了自己的“穴位”，自己的地形。因地形而配合身姿，因地形而随机决定交谈方式，一幅自动生成的文苑雅集图。另一个是日本传统的茶会方式，需要经由一段仪式化的自然经历与尺度缩减，钻入一个“容膝斋”般的仅有四帖榻榻米的家具一般的小亭子里，能剧般地演完流程。这个小房子如一个嵌入高地的大榻，这个“亭子”在心理上是一个他处，属于“在家的出家”，把它称作山房与作为便宜出家的茶室，意义都是相称的。都是主房之外的远地，属于想象的异域，是一个三两步可以逃逸世俗的地方。

两种茶会方式相加，茶庭在垂直方向上分了两个段落：山台茶会与亭子茶会。山台是去亭的必然前序，登亭就是上山。山台与亭子可以同时茶会，也可以是一次茶会的两个序列：先在山台饮一巡，后入亭再饮。山台亦可作为亭子茶会巡间的休息地。

这个“山台”是家具化的，是大茶案、长凳、树池、叠泉池、蹬道、石灯笼等的融合。这是一个复合而成的“山”。当然，作为自然的山本来就是复合性的，只是现代人习惯于抽象简化地讨论山与自然。园林假山的意义在于：对自然的山做了一次起居色彩的分解与重构，在人的角度再造一种自然。假，即是重新分类，重新构造。而传统中国所言自然，看重的是自然法则，以自然法则再去重构表述。譬如这个大茶案，与山台是同构的，也是一个复合物。大茶案由案子、洗池、炉子、花盆、泉道几部分融合，一件新的超大家具诞生了，它带着山意，照应了最基本的情趣生活，构成了假山的一部分，且作为山脚，与人最亲近。（图 3、图 4）

图1：茶会坐落院子的原状
图2：建成后初上灯（松木植）
图3：室外的大餐桌

3

图4a：松荫下的山台跌泉

图4b：桌面上的风景

图5：八平方米的茶室

4a

4b

没有花木的自然

说到松荫，我们设定了三个树池，供三棵松。一棵当庭，栽植在海文瓦地面上，挑向茶案，将来从松枝吊下铁链，挂着铁釜，在海棠炉上吊烧煮水。一棵在“亭子”束腰下，横向展开，缠亭之腰，使亭有漂浮之意。一棵在亭右突兀高壁之上，高悬平挑，与蹬道相合形成洞的暗示，遮掩进山之路。然而经费不足，三松迟迟未能就位。在周围山上看中几棵，但移植需要时间。两棵松，在建筑竣工后半年才移植进去，是从几百棵松中选出来的。

松荫茶会，有半年时间不见松。没有松荫的松荫茶会，我笑着对方恺说：我们叫它“待松庵”吧？

没有花木，是否还是园林？

在我们的文化里，“自然”已经不再是有没有花木这么简单的事情了。自然不仅是自然事物，更是一种自然叙事，也是一种审美的标准。在文化的视野里，我们可以审美一堵败墙为烟山云水，

5

这既是自然的痕迹，也是自然的联类。我们看瓷面的开片，这是自然的不确定发生。我们痴迷虫漏，这是自然事件的痕迹。“行云流水”，是对技艺的流转畅快无迹可寻的极致评价标准，近乎自然。

再譬如赏石，赏石在中国文人艺术的位置，并非仅仅作为自然的微缩与形似，而根子在于它作为“自然的表达体”。它可以不依赖其他生长性的自然事物诸如花木，而纯粹依赖其几何形态与色质的意指自然，刺激有关于自然的想象。当然，这绝非简单象形，而是对情境的高度的综合性的抽象领会。

同样，书法不也是一种高度抽象的“自然表达体”吗？

童寯先生说的“没有花木依然成为园林”并非说园林要放弃自然事物，而是针对建筑学的师法对象与意指提出了更高的要求。

明清园林延续并夸张了宋代的做法，小小天井里，一个超尺度的石作花盆，几如宝坛，满占庭院，与廊下的距离难以下足，而坛似乎建筑化了，好像可以踏入。坛上树荫远远超过屋顶，高高拔起。那个气势，水平弥散了四周，垂直冲了天，无法言说的一种放大。不仅高树，常常有巨石将一个庭院塞得满满的，不见首尾。在这样的小院里，我搁下了“如此大”的一座小山房，潜意识里一定是一座假山，假山当庭，本是很不真实的事情，如壶中天地，攀云登月，是戏剧化的神仙术，瞬间游离了常态的生活，归于自然的范畴。假山不仅是山水的指代，更是虚拟，虚拟一个供逃逸的所在。无论是缩尺还是转换，它将带你远离现实。

我们在园林中看满庭的一团云坞般的太湖石假山，我们会怎么想它？

我们在松荫茶会的主房廊下，望向这座“山房”，我们怎么看它？

它是一个自带山水裙摆的舞者，因为需要与“主房”相异，微微转了一个角度，七分面的姿态，这使它脱离了周围建筑的习惯格局。这微微的一摆，最大限度地扰动了周围，四面临虚，方方侧景。

它是一个当庭之山，正面有山的走向，左有

6

7

进山的蹬道，右藏飞瀑叠泉穿廊而下。亭子增了山的高，征了山的虚。一米五的山高，以身体的姿态要求分了七八种高差。形式化的山与形式化的水，当是拍高士图的好地方。

它如一个舞台，带着出将入相的。从左上山绕到亭子背后钻入亭中，上榻入茶席，席毕，遂推开幛子门沿叠泉爬下山台。山台的起伏与亭子之小，让我们爬上爬下，钻进探出，举手投足，看向眼神皆被舞台逼迫拐带了，塑造出一系列我们平素不曾有的大幅度动作。这个山，可以用来看，但首先是身体性的。

身体告诉我们，它是模山范水的，它映射了自然。

面对这个山房，我们想到的还仅仅会是一个“花园”吗？（图 5—图 8）

图6：山墙打开，出现『柜庭』

图7：茶亭内部，对容膝斋的向往

图8a：『柜庭』内向外分视

图8b：蕉叶窗

8a

8b

残片化的建筑

松荫茶会的大小与周围的建筑并不相称，它没有因为院子的小而缩小，反而是满当的。小可以以残来应对，残即是不全，是局部。院子如同一个画框，不是往画框里装东西，而是用画框来截景。所谓“截溪断谷”，山房的呈现，如同院墙从远处连绵的园林中截来一角。围墙不是等待的界限，是套索一般的东西。

在这个被截来的小世界中，就不该有完整的大物，建筑都是残片化的：山房是一个有顶的榻，处于家具与建筑的临界。主房的廊子，仅仅就是一个立面而已，虚围了院子的北边界，也摄全了小院的景色入廊内。西廊，是方恺的父亲兄弟两家之间的界限，是半个房子，像一个箱子盖，扣住了这个小世界，收之双圆镜。

一间家具大小的建筑，半个房子，一个立面。构成了松荫茶会里所有的建筑。（图 9—图 12）

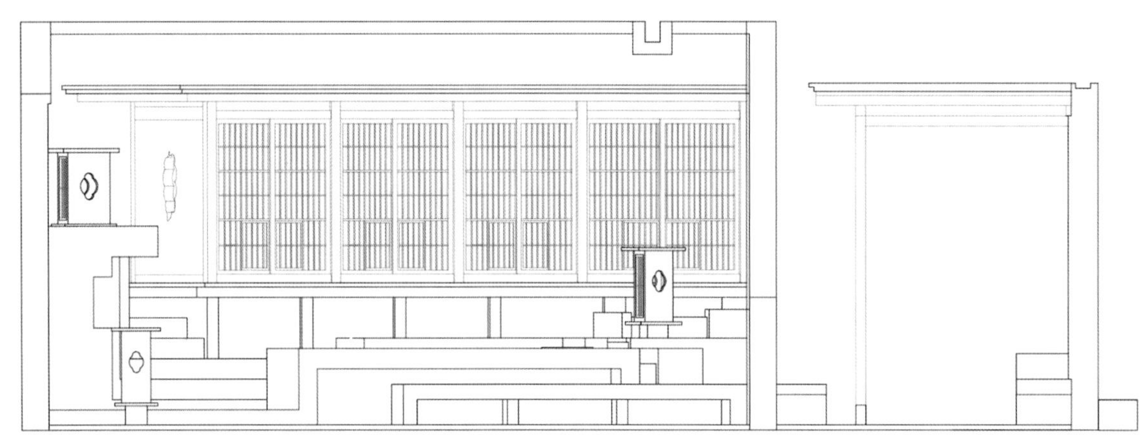

9

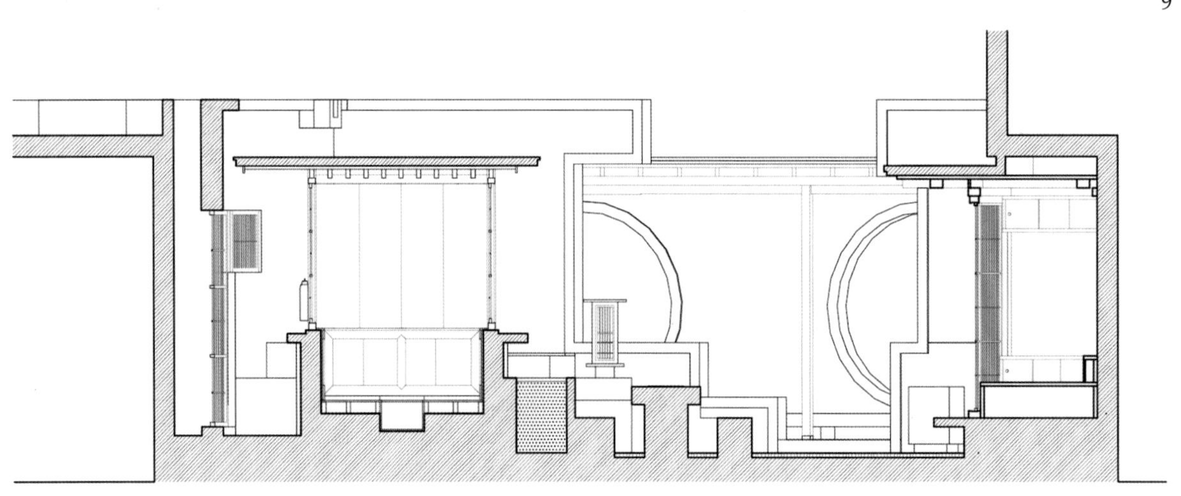

10

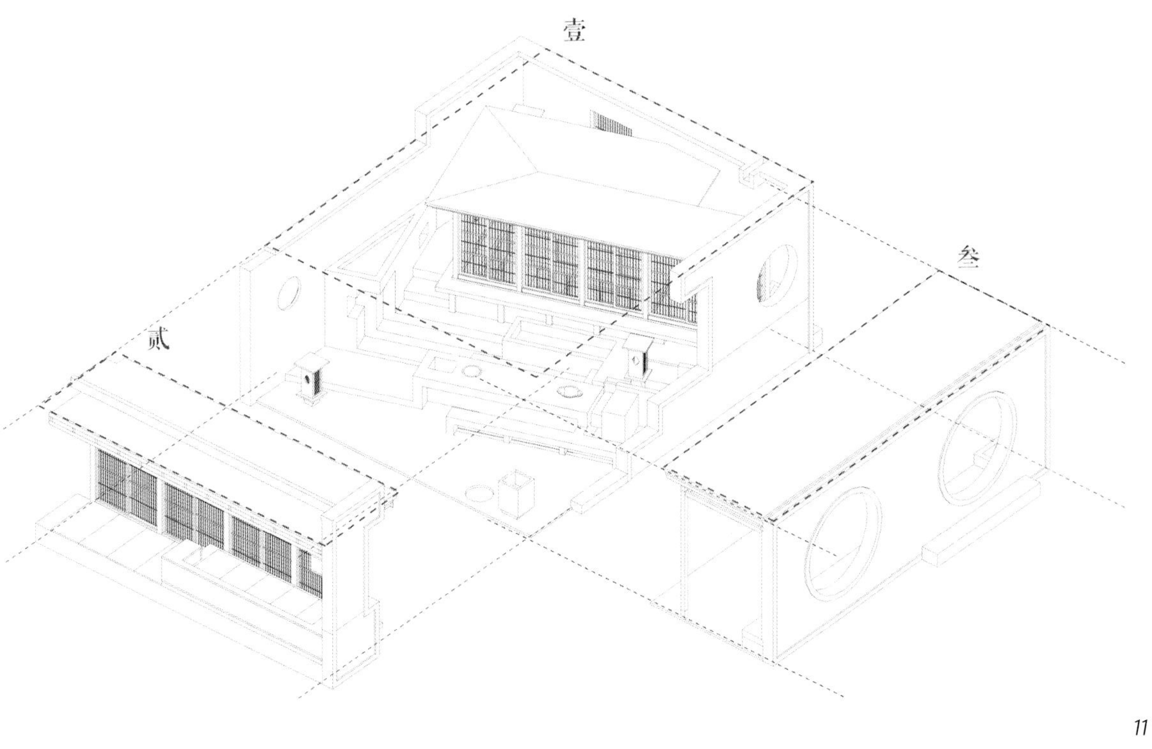

11

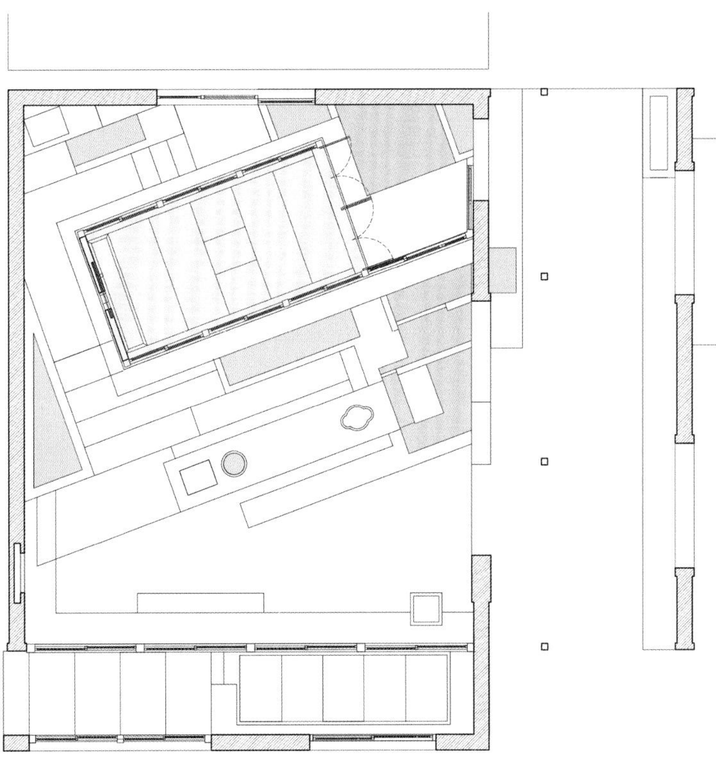

12

图9：茶亭北立面图
图10：茶会南北向剖面图
图11：三个残片建筑
图12：茶会平面图

洞观的世界

我总是喜欢不同世界之间的游历与对望。一个房子就可能是一个世界，一个不同于外界的世界。道家崇尚的洞天思想，即是承认并赞美多个世界的平行与多样。这是一个为四五高士远离凡尘雅会而设的洞天，它并置于现世，独立于现世，有着自我的时间与尺度系统。它自然不能以现实世界来揣测，它属于一群“异化”了的人，在洞口望去，既陌生却又如往昔。那是一个已经被疏离，被淡忘了的时空。一个属于被追忆的时空，需要用一个特殊观法来品察。它是不能随意看的，需要伫立，需要凝视。建筑，让我们学会了什么叫作望。

双圆镜廊处，原本是一堵矮墙，是兄弟两家的分界线，一边是方恺的父亲，一边是方恺的叔叔。兄弟之间的感情是复杂的，我想要重新描绘这种关系，重建一种看，一种两家之间的跨越。两边洞口的相望，以及并不便利的跨越门洞的动作，改变了两边的关系，不再是简单的随意出入与招呼吆喝，而是带着某种画意的，带着感情的，带着庄重，带着些许忧思。圆镜勾勒的是珍爱与怜惜，是审美的观法。

最好的景观留给了叔叔家，也留给了叔叔家院子入口正对的村路，邻家之眼恐怕是最美好的。（图 13—图 15）

全家老小齐上阵

松荫茶会的营造，泥水、木匠、水电、勤杂等，都是方恺的家人亲戚，方恺本人是施工监理加材料运输队长，所谓“全家老小齐上阵”，每个人都要发表自己的看法，每个人都有赌气怠工的权力。施工要推进，和气要维系，一个小小的园子里，是一台传统人情世故的戏，虽然进度缓慢、磕磕绊绊，但总归是热热闹闹的。一个“山林茶会”的想象，动员了全家亲戚干活，惊动全村人来看，每天都有人来“视察”，问这问那，聒噪几阵，批评几下，或者想象将来的样子……一个 60 平方米占地的茶庭，不能再小了，却扰动了一个几百人的村子，不少村民也开始思考喝茶的空间与情境问题了。从动工的第一铲土开始到现在，议论都没有结束，这很好，沉闷的乡里，需要这样新鲜的事件。

项目信息

项目名称：安吉松荫茶会
项目地点：浙江省安吉县章村
设计团队：
造园工作室 中国美术学院建筑艺术学院
王欣、谢庭苇
日本东京松荫茶会
方恺
设计时间：2015 年 3 月
用地面积：60 平方米
建筑面积：30 平方米

13

14

15

图13：建立了一种关联性的观看

图14：圆镜带来的庄严

图15：圆镜带来的隔世

折屏戏台——《夜宴图》的建筑学物化

屏围：隐匿的建筑学机枢

《夜宴图》的背景设置，是传统中国长卷人物画典型的组织方式。没有天也没有地，没有一种坐标系式的环境，没有精确的距离感，混沌存于天地之间，飘忽的，我管它叫做梦境的方式。这是一种“回忆体”，也是一种“拼合体”。混混沌沌，不代表没有结构。那七面巨大的屏风和高榻围子，正是场景组织和转换的界面，分别形成了起首、相背、扣角、相合、包裹、底景的关系，从右至左：（图 1、图 2）

第一座围屏床，帷幔洞开，是一个“奥”的指向，是洞，以洞的方式作为世界的开局；

第二座黑色围屏高榻，是第一分述段落中的主位，确定格局，并与第三块座屏相围合成“院落”；

第三块屏风作为两幕场次之间的转换与区隔，也是紧密与疏朗的分界。

第四块屏风，藏于黑高榻与围屏洞床之后，作为底景，也是对重要场合的严密包裹。夹缝中露出红色高鼓二座，暗示后台，空间无尽藏。

以上四块屏风，形成紧密的包裹体，区别于其他三个相对开放的场景，与之形成整体空间渐次打开的节奏，从聚拢到逐渐离散。

第五块围屏高榻本身呈现的是中场的休憩，并与第三块座屏围合为独立一幕表演，并在此幕左边缘出现两个场景的交叠过渡：琵琶乐师下场及侍女送酒水入场，二人旋而错身，即是表演与休憩的转换。

第六块围屏床，接续着黑高榻的侧面，指向了另外一个方向的纵深。

第五块围屏高榻的反面，是再一个幕次的重启，与第七块座屏围合为一个表演“院落”。

第七块屏风之外，渐渐稀疏，作为结束之收束，指向了左边的淡去。

七块屏风，它们就是结构场景的“建筑学机枢”，是物化了的册页之折合。界面之间的“空院”，常常留着难以界定的模棱两可：人物归属难分左右，笛组侍女左右顾盼，坐实位置关系的家具一件没有。屏风是空间的折痕。空院，一样是空间的折痕。在《夜宴图》里，我们观到了“折合”，观到了“角隅”。

《夜宴图》可以看作是七块屏风的拆分，也可以看做是七个角隅的拼合。

十字折屏：打开的传奇插画

如今，将《夜宴图》的时空结构做一个建筑学的物化，做一个《折屏戏台》。

戏台的结构似乎是一个十字。我不愿意简单地将它看作十字，而称它为折子。折子，即是高度凝练的片段，是经典化的幕，是传奇的插画。折子的两侧，不要以为真是高墙，它是时空的折合，是巨大的异化了的屏风，一开一合，一折一叠，是《夜宴图》的场幕转换。那高墙，也是情境的表达，许是内襖，许是心情写照，许是望去天空的颜色，是不同世界的转换界面。这个折子戏台，仿佛是一个隐匿着游园惊梦的巨大册页。

不愿将之看作十字，也是因为这个想法的组织并非源自十字，而是“角隅”。这是四个“隅”的拼合。原则上，不一定是直角，什么角度都可以。它是一种打开，一种截来，一个切片，一个罅窥。是我们剥开的世界的一角，窥看书页风景的缝隙。

但又要刻意形成十字：一，是对中国的章回体话本的合龙。四幕，有头有尾，可往复无尽。二，是对海杜克先生和张永和先生的致敬，没有他们对“建筑图解”的工作，很难有我们对传统中国建筑图解思考的开始。三，保持一种方法原型。

图1：《夜宴图》
图2：《夜宴图》中的建筑学机枢

王澍先生提出“园林作为方法”，意在警醒当代中国本土建筑的探索避免陷入风格与样式的温床。十字的刻意，是对方法本身的呈现，也是对基本形式意义的再讨论，它不是一种单一的“结果方案”，因此，它的呈现是骨感的，嶙峋的，它不如《夜宴图》那么隐匿。如果直接作为一个建筑结果，也一样精彩。十年前，我提出建筑之“模山范水”的观念，本身讨论的就是一种建筑的舞台性，它与现实要刻意的保持一种差别，一种陌生，一种异境感，目的就是要让我们对熟习的观想方式提出审视，迫使我们的身体重新体验与观看。（图 3—图 5）

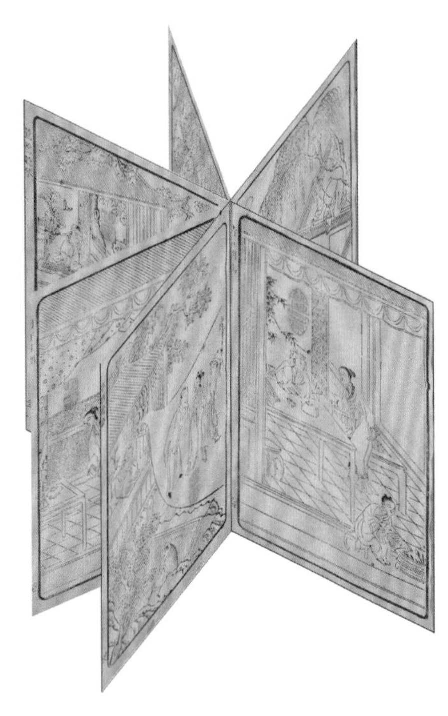

3

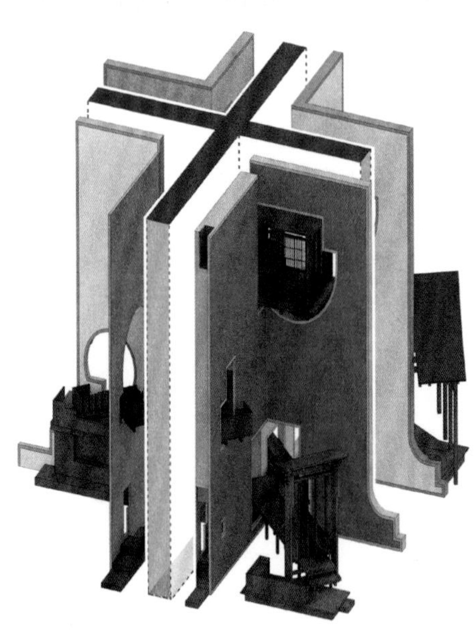

4

图3：插画拼合的幕次
图4：戏台的十字结构
图5a：第一折
图5b：第二折
图5c：第三折
图5d：第四折

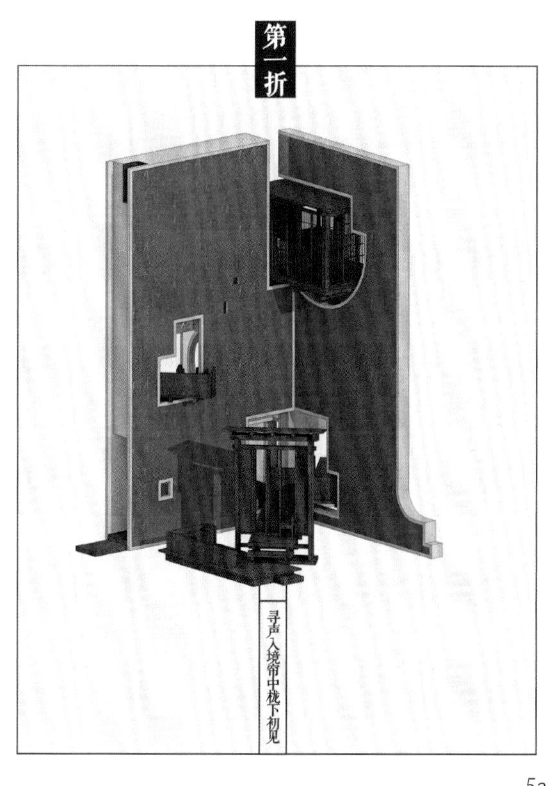

第一折
寻声入境帘中栈下初见

5a

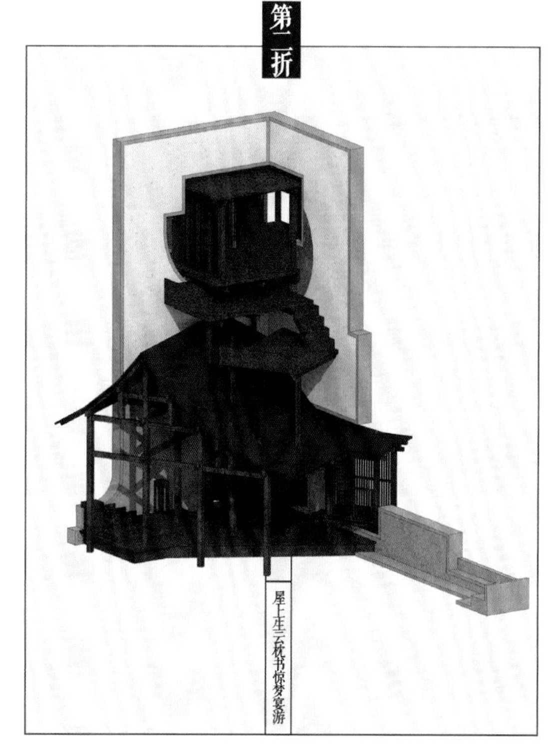

第二折
屋上生云枕书惊梦宴游

5b

第三折
山阶津筏春蕉裙里寄诗

5c

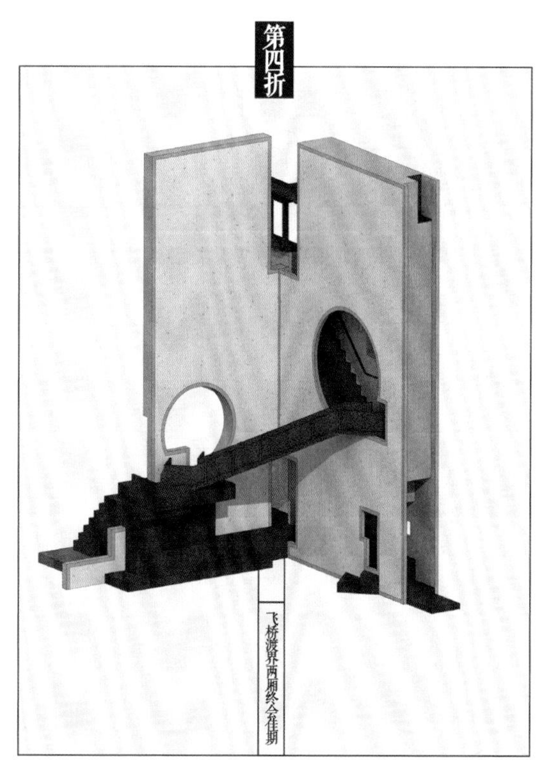

第四折
飞桥渡界西厢终会佳期

5d

巨屏下的夜宴：无尽的携游观与演

《夜宴图》是一场雅集，也是一场观演。雅集式的观演，演员与观众没有绝对的分别，或者说一直在互换，台上台下在一起。方才还与同座一道看对面起舞，这会儿比肩邻座拿起笛子便吹了起来，在一臂之外，闻词带息，同坐长椅。你是观众，也似乎作为笛者的“伴座”。

在韩熙载看来，作为后台的“箫笛五女”是最好的表演者，她们参差正侧不拘姿态，而在宾客与侍乐看来，韩熙载卧于高床，居高椅，击高鼓，永远是演者。而寂寥的韩熙载，看谁都是演员。

画中的“观众韩熙载”也在看着“演者韩熙载”，在角落里看到戏中的自己，有着“隔世之观”。

假如你加入这场观演，那是一种包围，你不觉自己是一个观众，而是一个被此幕忽略的戏中人，遗留在一旁。在戏中品戏，那是再好不过，没有一个鸿沟拦在前面，舞台着实不需要限定，它取决于

折子戏台：《夜宴图》的建筑学物化

演员的自设情境，也有赖于入戏观众的周遭营造，观众形成戏内风景，形成了演员观去的风景。

这个《折屏戏台》，是一个高下版的《夜宴图》。

观众追戏，入戏，成为戏的一部分，观众是侍从甲，箫笛乙，龙套丙。观众是演者的氛围。下场的演员混入观众，次幕的演员窥看前幕……

十字巨屏，建立了小世界确立的坚定，它再次表明了屏作为坐标的意义。它自我完整，往复无尽，是中国式的“小王子”的星球。（图6—图13）

项目信息

毕业设计研究课题：

折屏戏台——《夜宴图》的建筑学物化

设计：孙昱　中国美术学院 建筑艺术学院

指导教师：王欣

图6：四幕脚本图

图7：折屏戏台

6

7

8

9

10 11 12

13

图8—图13：戏台模型

楔入城市的溪谷——一个吴山般的建筑

去年秋天，我和小谢同学同游了杭州的吴山。

虽然我上下吴山已经不下十次了，每次上山的口我刻意地选择不同，而下山口总是会无意的不一样。吴山一直让我很迷惑，迷恋的迷惑。每次上山，仅仅一步，从城市坠入了山林。每次下山总是撞见一个我未曾见到的市井，刚才还是山风鸟鸣，忽而一下就是喧嚣的人间。

吴山如一个长角楔入了杭州城，山与城的关系是无法厘清的，它们几乎长在了一起。我们无法描述吴山的大小，也难以形成一个整体的形象，吴山向市井敞开了怀抱，它与杭州城发生了千百个面的交接与对话，抱指般的相互渗透，无数条山路如网络般偶发互接着这千百个面，吴山成为一种以自然作为转换方式的城市中的超级链接。（图 1）

吴山并非一座纯粹的山，它是一个让我们体认城市的山，更是城市的另外一种存在方式。原先山上有村落，有街市，有庙堂……好像是另外一个标高上的杭州，热闹得不行。

吴山的楔入，让一个拥塞无序的老城变得极富游园的戏剧性，我不觉得西湖比它更加重要。它让小小的杭州兼得了：湖山一揽的视野；追念怀古的荒芜；与星辰相处的高度；推窗可掬的山风；时间迷失的夜路；人间与桃源的瞬转……而这一切就在街巷间的日常与便捷。（图 2—图 4）

楔入城市的溪谷，向市井开门。

山路上，我回头跟小谢同学说：不如做一个吴山般的建筑吧。

1a

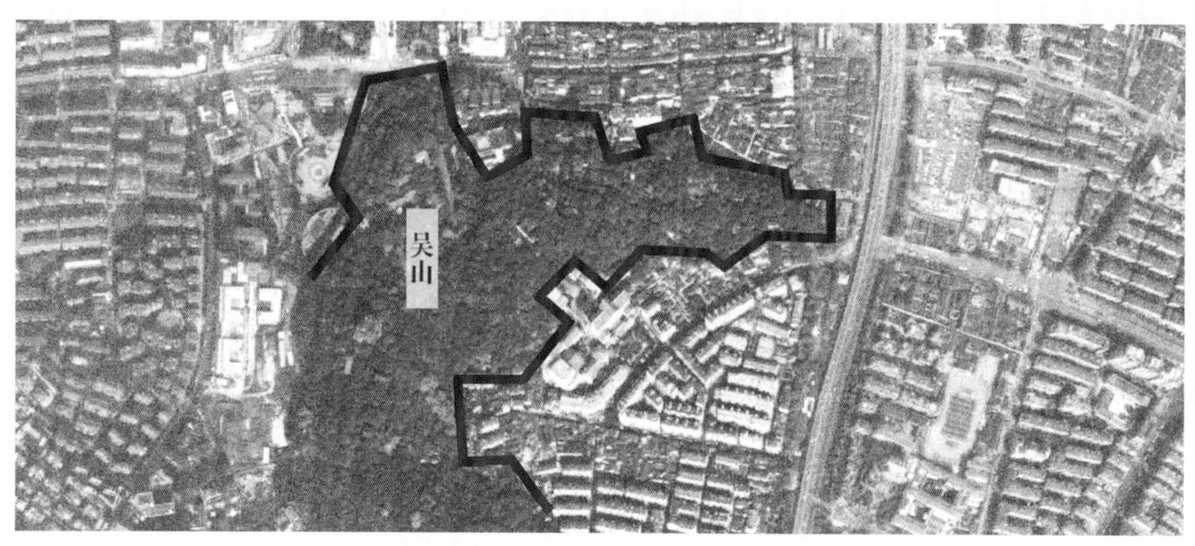

1b

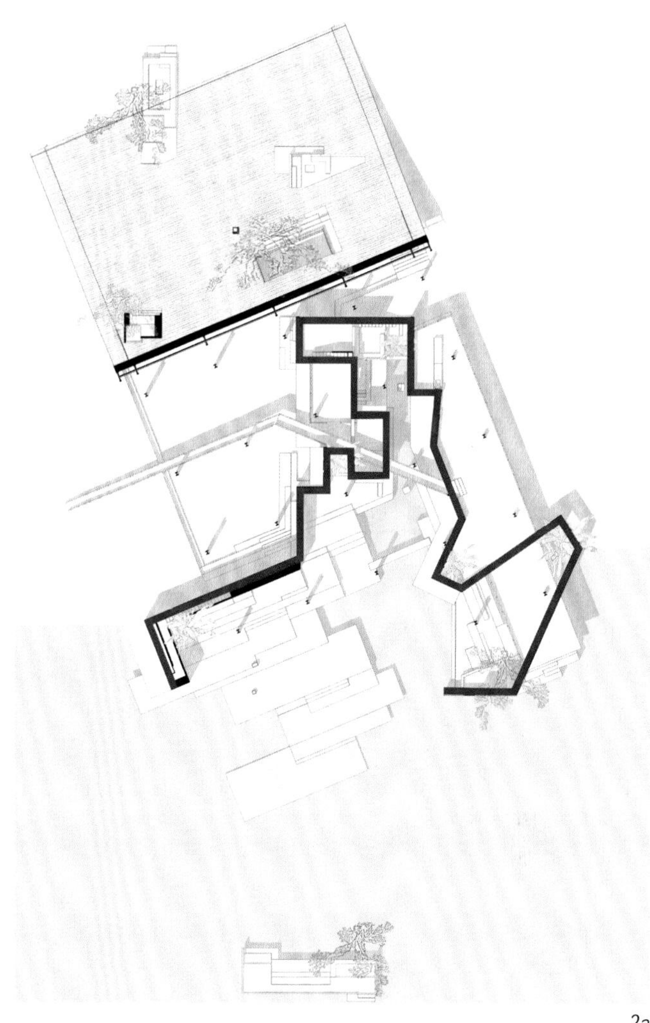

2a

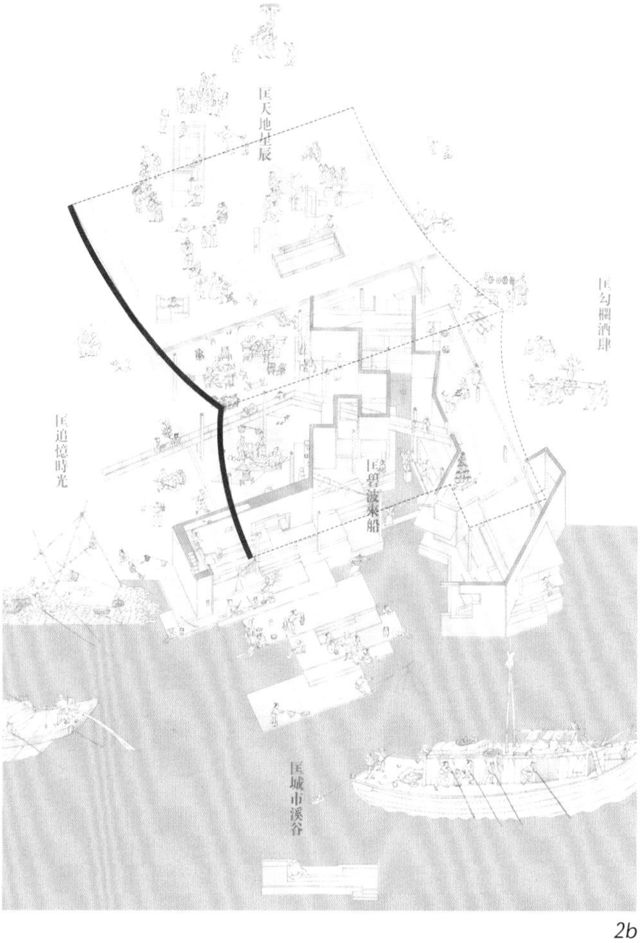

2b

图1a：一个展开的溪谷界面
图1b：楔入杭州的吴山
图2a：楔入的溪谷，自然的图解
图2b：向市井开门

3a

3b

图3a：匡城市溪谷
图3b：匡日月星辰
图3c：匡追忆时光
图3d：匡勾栏酒肆
图3e：匡碧波来船

3c

3d

3e

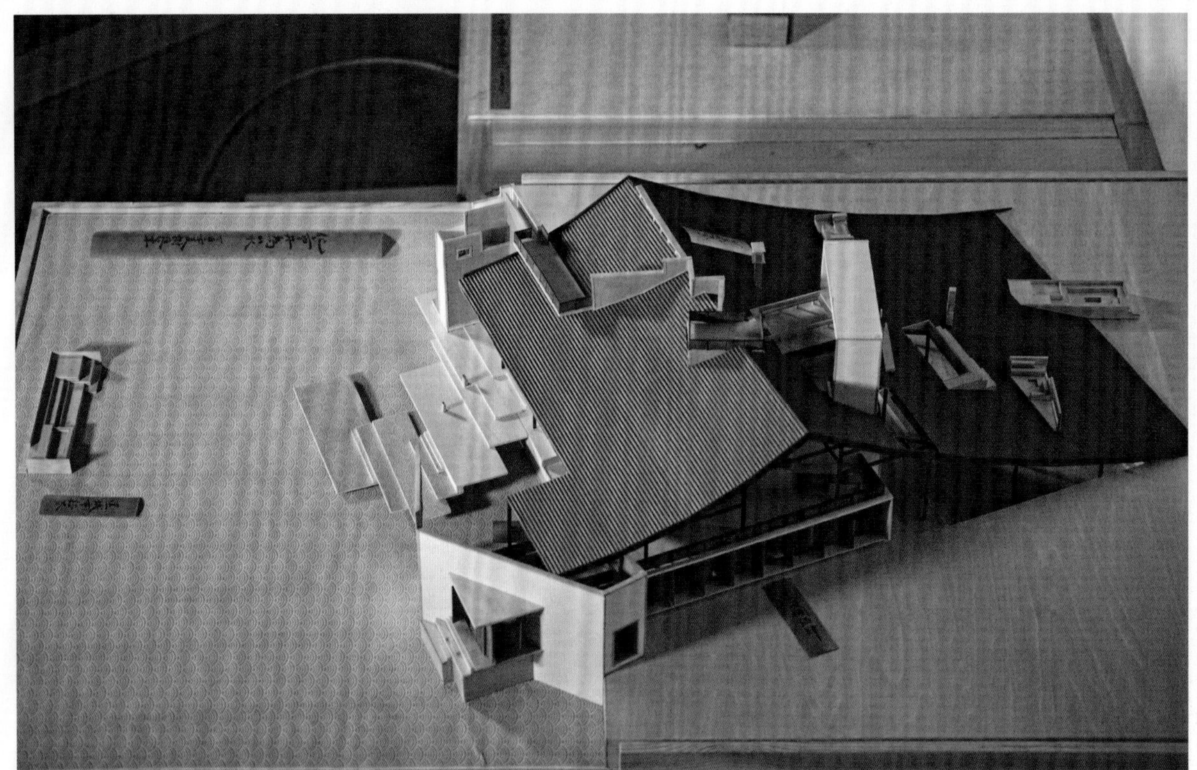

4a

4b

4c

4d

图4a：三面市井一面含水
图4b：虚设的正面
图4c：历史透来的光线
图4d：几种世界在屋顶下的交汇

项目信息

毕业设计研究课题：楔入城市的溪谷

设计：谢庭苇 中国美术学院 建筑艺术学院

指导教师：王欣

以器玩开端的造园教学，是对一个『中国人』的重启

《山麓盃》接山中飞泉

去年，中国美术学院建筑艺术学院十年展开幕那天，我陪几位建筑师前辈观看“如画”厅。走到“器房录”那九块挂屏前，王辉老师让我导览，但没等我开口，他就忍不住说：“这就是当代新文人清玩啊！”真是一语中的，也不用我介绍了。

清玩是什么？清玩是传统中国文人的高级玩具。不能小看了玩具，每个人都需要自己的玩具，玩具是一个人认识世界的开始与凭借。每个人一生的各个阶段都需要不同的玩具。“清玩”是“清雅的器玩”的简语，它是情思的载体，是生活意趣的凝集。

器玩，常常概括了一个世界，或者映射出一个世界。器玩，是在山水自然哲学背景与生活美学关照下的，一个文化群体想象与构造的世界的“模型”，亦是日常化的形式训练工具。器玩虽小，但与绘画、造园平行，本质上等同于绘画与造园，是一种因循于具体实物几何的另一种维度的绘画。与绘画一样，器玩是作为传统造园活动的一种批判性与补偿性的存在。它是一种浓缩的，特殊视角和构造方式的时空奇想。

当代的文人缺少当代的器玩，当代的建筑师也缺少当代的器玩。器玩的缺乏，正反映了日常玩味思考的贫乏，实验与脑洞的不足。手边缺少想象与观游，那么设计就会在很高、很遥远的地方，设计就会是正襟危坐，如临大敌。

没有日常之小和手上之小，何来建筑之大？

这句话直接点出了中国美院本土建筑学设计入门教育的两个核心问题：

一、重启以情感和情趣的培育与转化作为核心的建筑教育。

二、建筑设计的形式来源与扩展向日常生活及文人艺术开放。

这两个问题，弄清楚了设计首先源于人的情思这件事。这是永远的动源和推力，也大大放宽了评价设计的标准，不再设立一种建筑学自我循环式的专业壁垒，并指向全面的设计与审美的觉醒。

如果不能在一个碗里窥到一个貌美的仙子，如何能想象一个建筑里住着神明？

我们所实验的本土建筑学入门教学，是从造园开始的。而造园是从一个碗，一个汤勺，一块石头……开始讨论的。园林不是风格，不是样式。造园教学以器玩作为开端，为的是：

一、直接搬开园林作为一种风格、样式、符号来进行传承的陈腐障碍。

二、回到最小，回到最基本的诗意形式生成与叙事想象。

园林的带入，是为了本土建筑学的改造与重建。因此，园林是作为意趣与方法。园林，是要我们重新回到或者找到一种中国人自己的生活态度与思想方法。那么，首先需要完成日常的重启，完成一个“中国人”的重启。我们曾经怎么看？怎么想？怎么生活？传统造园的繁荣，是生活艺术系统全面繁荣的自然表现。生活艺术是养育造园的土壤与环境，种花之前，先弄土壤，学设计之前要建立一种生发设计的生态，有因而后有果。

我所主持的建筑学入门教学，是以山水园林入手的，可以叫“造园教学”。而以“器玩空间”开端的造园教学，是对一个“中国人”的重启。

《山麓盃》微啜之

器房录

课程主旨：

本课程线索以“小”的方式重新地全面建立起建筑设计与传统中国文人艺术的相互关系，并以“大”的视野推陈出新，提出新的可能门径与新的形式生成机制，基于传统自然人文意趣和审美之于当代生活的结合，期望建立起一套“小中见大”的建筑学入门课程系统，并进而推进一种“小品建筑学”（一种全新的小尺度的当代中国园林建筑语言系统）的探索与重建。

课程信息

课程一：器房录

课程对象：中国美术学院建筑艺术学院建筑系本科二年级

课程周数：八周

课程学期：第一学期

参与学生：李欣怡、夏一帆、李佳枫、宋雨琦、杨苏涵、王思楠、叶彤、李沁璇、陈若怡

指导教师：王欣

助教：李图、季湘志

视觉设计与摄影：孙昱

观游镜匣

镜匣可以渐次打开，每个打开的阶段都是一种园林的姿态，都是一种特定的观看方式，储物结构的形态多暗合人物事件的观游设想。梳妆的过程，许是两个尺度的世界对照的过程。

观游镜匣

道士下山勺

由长柄汤勺之几何属性所引发的叙事构造，住在柄颠的道士，每日顺延柄之绵长下山，行至勺池中汲水回山。

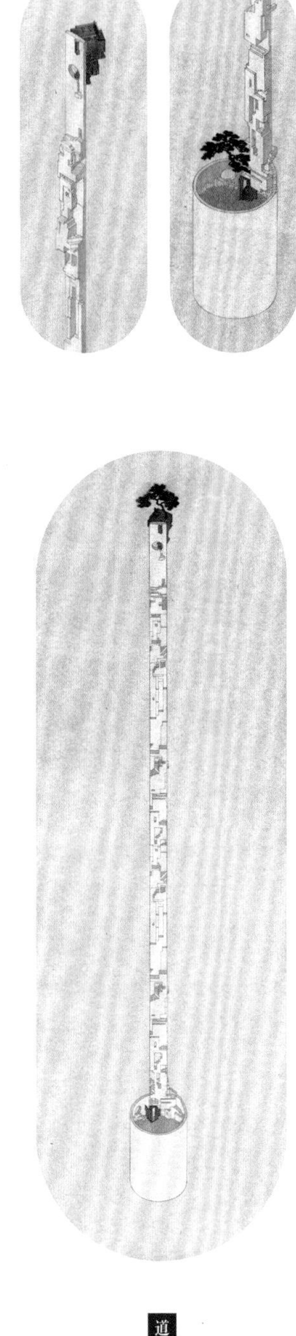

道士下山勺

六瓣瓜国

瓜国，没有真正意义上的微小，一个纯内部的世界，一个藏得最深的世界。包藏之后需要乍泄，一瓣的剥离，即打开两个世界的对视关口，是人好奇的洞观。

a 六瓣瓜国模型
b 六瓣瓜国之剖面一
c 六瓣瓜国之剖面二

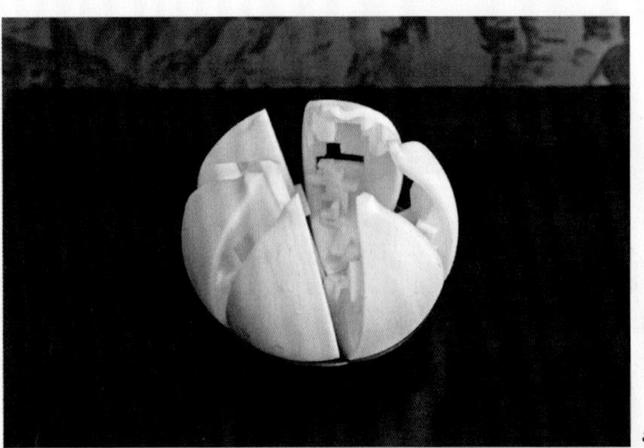
a

b

c

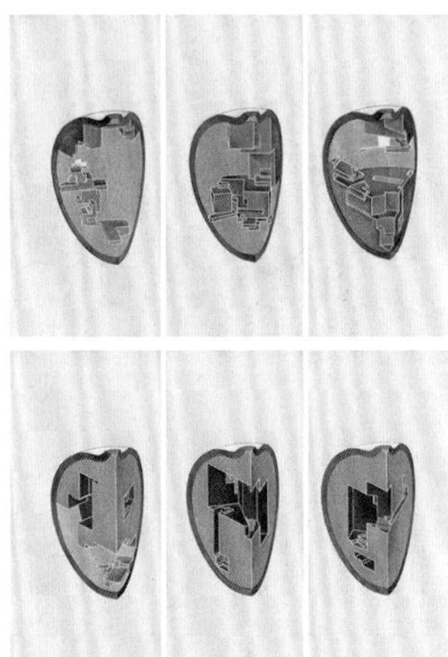

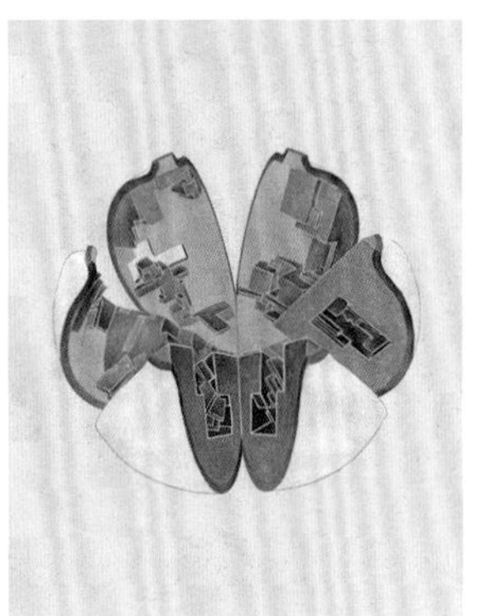

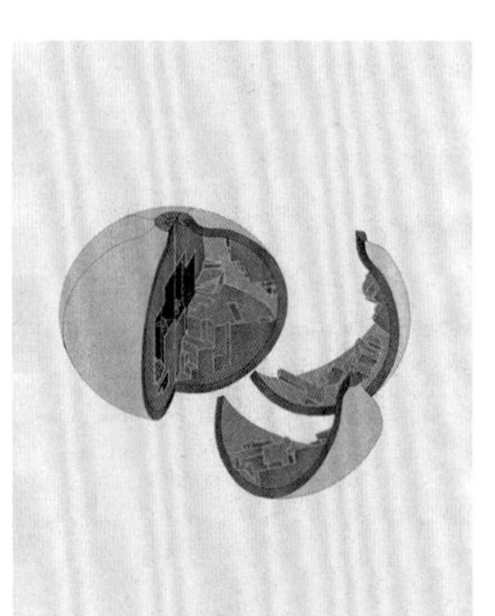

六瓣瓜国

茶卅

这是茶事物的建筑，燃料、炉子、茶与茶具三部分，每一类器物被设定了位置，并赋予相应的观看之道。三个建筑可分可合，可以一把提起来，奔向山林。

鸟折屏

一个屏风般的鸟架子，渐次通透度的曲折叠合，是对起居纵深旷奥的表述，也是对鸟框景的无数次展示。

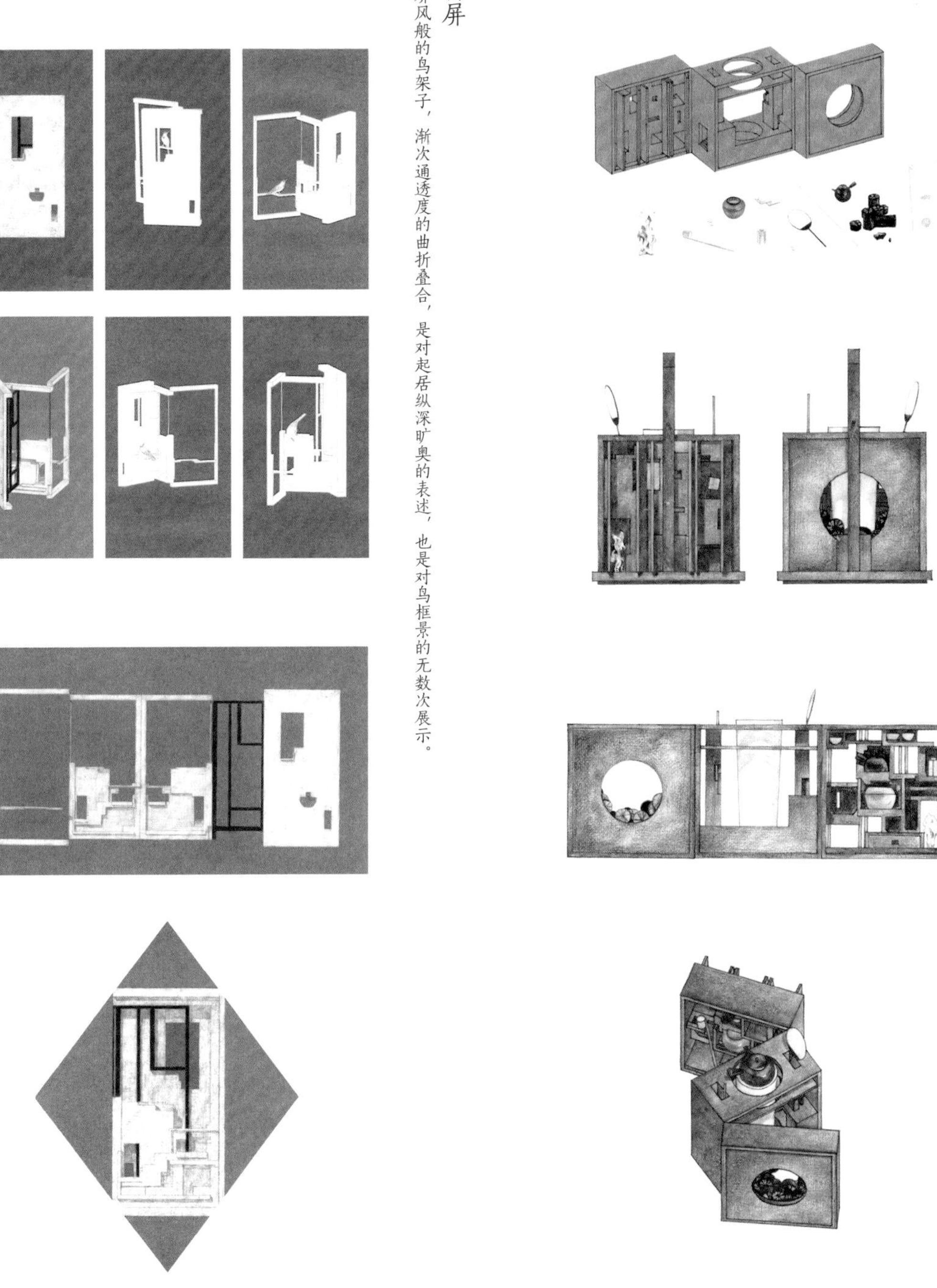

鸟折屏

茶卅

山月臂搁

臂搁一般有明显的向背内外，总是让我觉得它们本来就该是一对，这组臂搁今日终得抱对，一起完成了『山中寻月』的剧本。

a

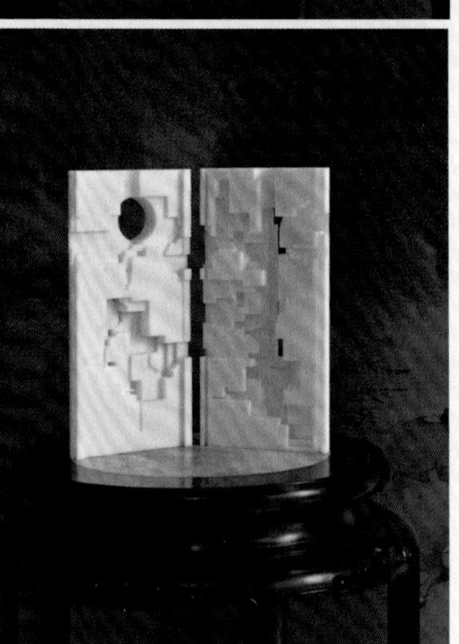
b

c

a 山月臂搁合璧
b 山月臂搁打开
c 山月臂搁正反

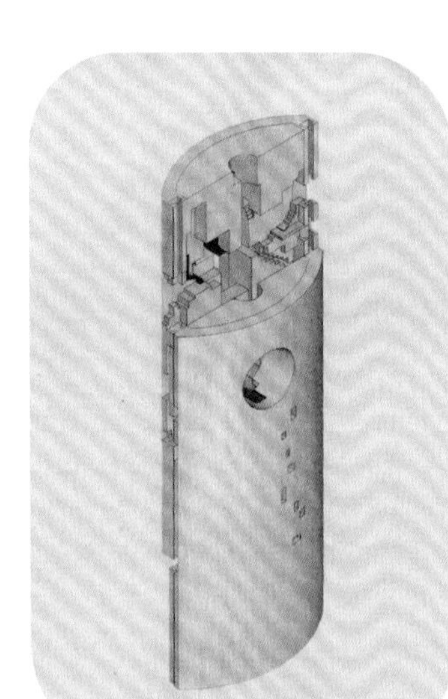

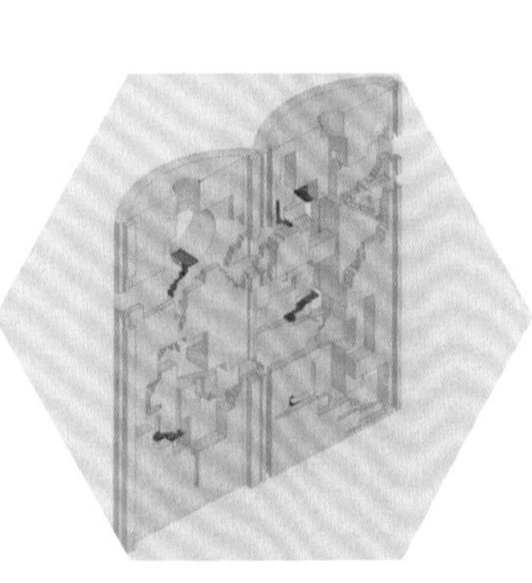

山月臂搁

鸟册子

也许可以叫作『鸟之书』，一个有关于鸟的故事，
以一种洞穴般的书页层层道来。

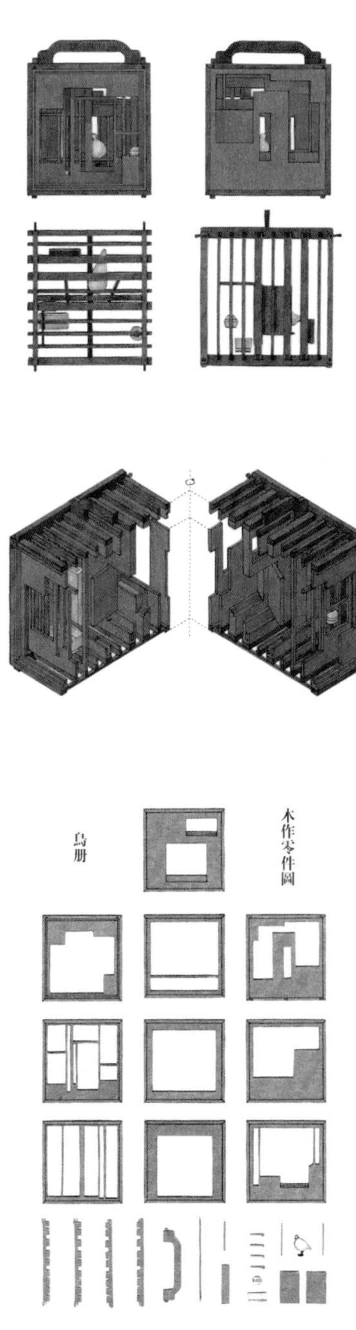

a 碗山

b 碗渊

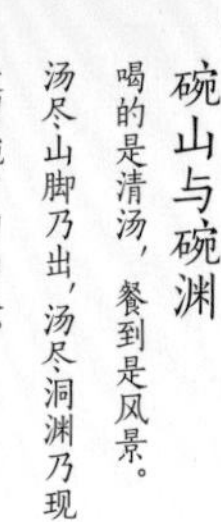

碗山与碗渊

喝的是清汤，餐到是风景。

汤尽、山脚乃出，汤尽、洞渊乃现，是谓碗中的山水。

碗山与碗渊

建筑学鸟笼

课程主旨：

作为入门，一上来直面建筑，太过责任沉重，如临大敌，这样的状态并不适合做设计。凡事开端，都需要一个引子，找到一个轻松的转借法门。

我们从对传统鸟笼的设计批判开始，

重构鸟的起居；

重构鸟与人的相互观、赏、玩；

重构鸟笼作为一种全新的多义的器物对生活的参与和影响；

不知不觉中，鸟笼带出了一系列建筑学的核心命题，

鸟只是人的一种方便指代，

鸟笼是建筑的具体而微者。

课程信息

课程二：建筑学鸟笼

课程对象：中国美术学院建筑艺术学院建筑系本科二年级

课程周数：八周

课程学期：第一学期

参与学生：夏帆、林文健、刘佳丽、罗楠、郑熙融、章键宇、于烨筠、龚钰秋

指导教师：王欣

视觉设计与摄影：谢庭苇、林文健

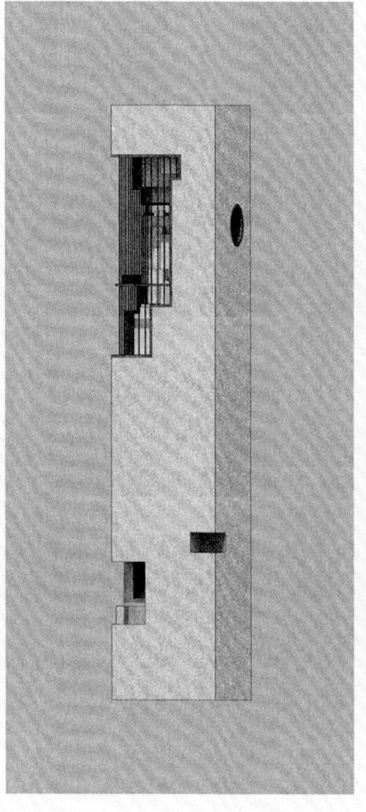
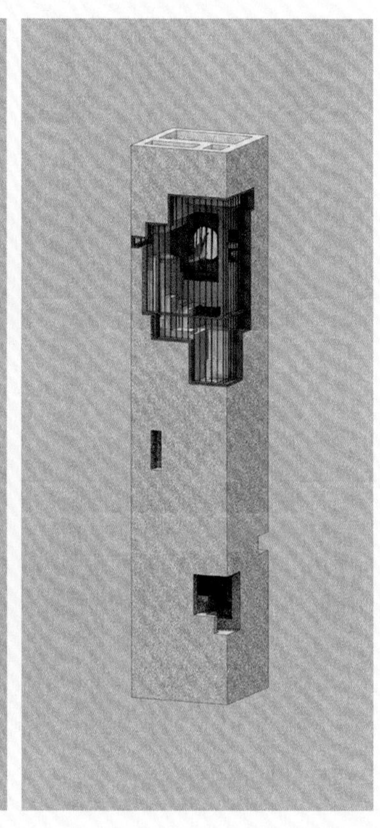

鳥砥柱

柱为山之几何凝式，虽为笼，实为洞，鸟可以选择藏起来不见人，洞的深度次第是私密的次第，心情好的时候走向开阔，独处的时候可以往深处。柱子亦是一件家具，是一根独立“吧台”。

韩滉文苑图

鳥法杖

多个鸟架的合订，便是一本鸟书，将之缀于杖头，颇为华丽，鸟喜站高望远，巡游执杖，能助力主人远眺报信，是活的杖头，化缘的时候能帮着怜求，吵架的时候可以鼓噪助威。

二分幽會籠

养鸟一半是为了听鸣，鸟鸣是因为寻伴，叫作“唤”。怎么可以又能结伴，又能听鸣？做雌雄二笼，可分可合，白天分之，以听鸣叫，夜晚合之，践行“鸟道主义”。二笼空间不同，相合有三处通道，是六个窗洞之叠加，喻之幽会。

重樓籠

笼子不应该是一个均质空间，应该近似与一个树冠，树冠是最好的鸟笼，有保护，有遮蔽，有疏密，有层级，有选择，是一个重楼。

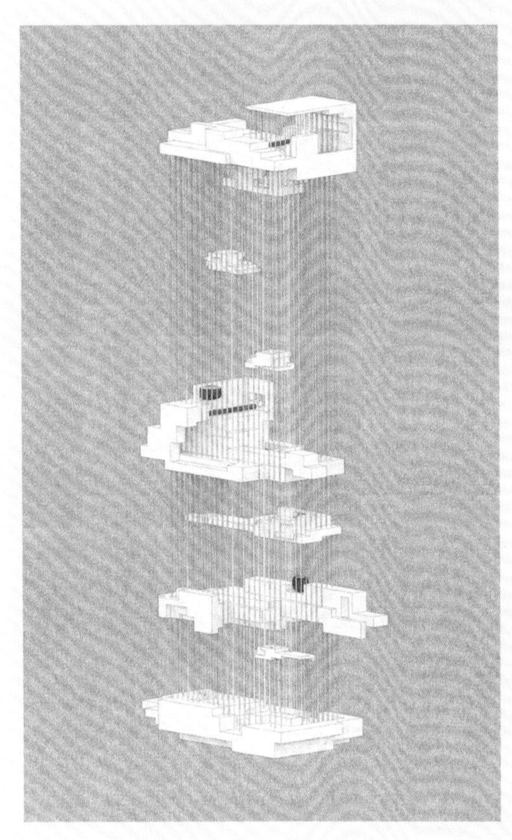

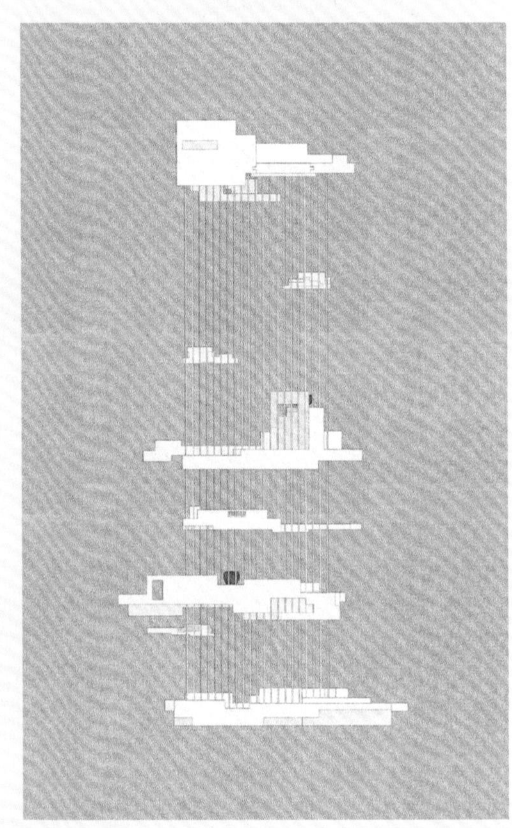

重霄籠

今再做飞笼，使之高耸扶摇有阶段感，鸟飞云霄，有六重天。中嵌云朵，是停留点，也是标识，也是笼之破法，此笼蓄鸟七八，分层而邀聚，在笼里，形成云窟之观。

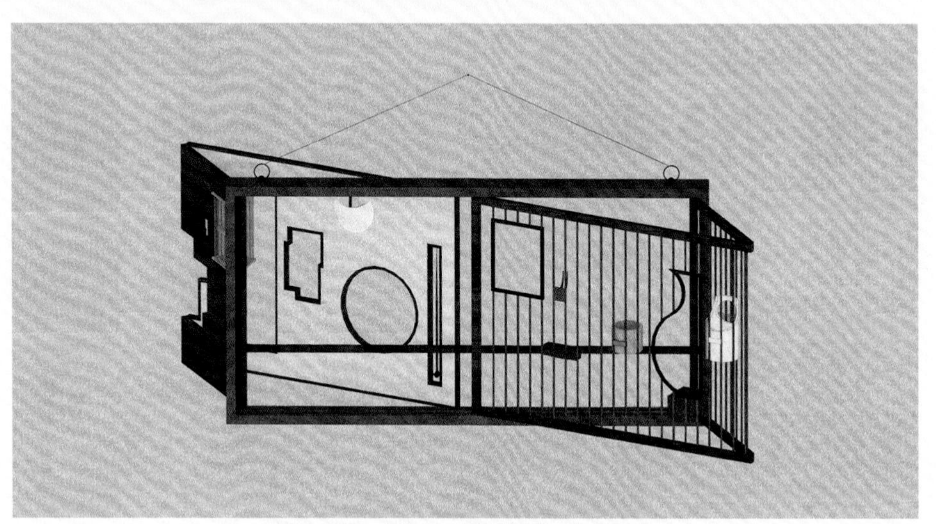

旅鳥屏

邀约山里茶会的时候，要带上鸟。虽然养熟不飞，但鉴于齐物平等，笼子作为其座驾标配，是要带着的，那就带一个可以折叠的“笼子”，一个画框里，含着一个笼幛，一个屏风。屏风作为背景，笼幛是遮罩，皆可折叠平移，自由对位。专供外出茶会助兴，唤作旅鸟屏。

鳥長卷

笠翁曾经让鸟住进了壁画中，一声脆鸣，激活了一间高堂。今让鸟住进立体长卷里，让鸟永驻画中。这个长卷是带着正反面的，长卷的褶皱代表着视觉的开合与来去的多向，首尾相连，正反穿越。人与鸟的关系，在于寻找，在于平移追随，这正是观画之道。

山中何所有——

七十二袖峰序

袖峰，袖中云峰，一块特殊的压袖石，大小不越拳头。袖，一言其小，一言其随身，一言其秘藏惊艳。袖中之神巧，其实为人心之窍也。

自然形式的受训场

每次去苏州，一定会去云林山房张毅兄那里选石头。山房的屋顶，是一个巨大的天台，那里有几万块石头等着我。骄阳天、雨天、大风天……我都曾蹲着弓着，半匍匐着，在浩瀚的“峰群”中寻找出乎意料的形式。深陷高密度、高相似度的庞大阵列中的寻找，是一种烧脑的扫描，常常坚持不了二十分钟就要休息一下。我把这比作一种密集数据化的现象学训练，如今回忆起来，每次的感受总是恍恍惚惚的，近乎半昏厥，坠入茫茫无尽的自然形式的迷幻丛林。那里的尺度、色质、手感、形象、轻重、向背……都是各自独立的，教你的眼脑不得不进进退退，缩缩放放，兜兜转转的。也许在常人看来，那不过是一堆石头。但之于我来说，这些石头就是那件“山水地景绛丝红袍”（图 1）。每一块石头，就是这件袍子上的一座园林，或言园林的碎片。但那些又何止是园林以及园林的碎片啊，分明是一群各自独立的平行世界，一群卓然于浩渺宇宙中的星球。云林山房的天台，就是一个宇宙，我漫游于万千个星球之间，拣选着属于我的小世界。

每次下了天台，张毅兄总说我的脸发黑。我想，那是耗尽了心思，挑一块石头，也是狮子搏象，全力以赴的。虽然选中的刹那间是“著手成春”“如逢花开”，但过程是迷林茫茫。

对那个天台总是念念不忘，不仅是我对形式的迷恋和贪渴。天台是个训练之地，面对几万之石，我并未创造什么，只是选择。这种选择是一种瞬时的“观想之道”的赋予，每一次选择，都是一次自然形式与自然叙事的受训。

自然叙事的最小载体

“醉道士石”为杨康功所有，苏轼为此作赋：

楚山固多猿，青者黠而寿。
化为狂道士，山谷恣腾蹂。
误入华阳洞，窃饮茅君酒。
君命囚岩间，岩石为械杻。
松根络其足，藤蔓缚其肘。
苍苔眯其目，丛棘哽其口。
三年化为石，坚瘦敌琼玖。
无复号云声，空余舞杯手。
樵夫见之笑，抱卖易升斗。
……

图1：断片角隅

这是对一团潜伏能量的细微感知与描述，居然杜撰出一段前缘后果，似真真确确的。一块石，竟然能够诱发这么多的联想，引出了一篇小说。(图2)

日本学者武田雅哉在《构造另一个宇宙》一书中说道："自然景观如不带有能引发联想的人文故事，也就不属于可供中国人享受的文化，只能像个幽灵似的四处徘徊。"恐怕只有中国人，能把任何形态都做"山水之想"。

袖峰山子，来源广巨，水冲、风砺、泥蚀、火熔……天上、地下、河床、戈壁、海底。每一块袖峰，都是时间的记忆体，它们的表情代表了自然亿万年运化培造之经历。那些沉积痕迹，被我们解读为有关人世间的叙事，褶皱与肌理被观作笔墨，洞、凹、台、沟、尖等被译作诗意的居所、路径以及指看。袖峰，是一段高密度的诗画代码。

对于我们而言，山水可以附着在任何事物上面，而任何事物都可以叙述山水。山水成为一种随物赋形的赋予灵魂的方式。一种是改造，诸如建筑的房梁、门额、牛腿、门扇，或者枕头、茶杯、砚台、笔筒，甚至是栓钱包的根付，生活中一切事物，都可能被作为自然叙事的载体。另一种是读取，大到采石场被读为山水园林，譬如绍兴的吼山和东湖，小到一颗兽牙也被视作山子，一个虫噬的种子被看作小小的洞天。这是有意的误读，是文化对自然的解构与归纳，以及不断的自我衍生。

对平行世界的不断渴求

中国园林中的掇山叫"假山"，不叫作"小山"。之所以叫作"假"，缘由很多，其中最重要的一条是：假山是心中想象的山，是他处之山，是假想的山，是飞来峰，是脱离于现实的另一种维度，是仙山，是洞天。因此，我们就好理解，为何江南造园独钟情于奇巧诡变之太湖石？也好理解，狮子林之奇诡结构与纷乱景象，本来就不是对真山的学习和模拟，那又何来要有真山的标准呢？

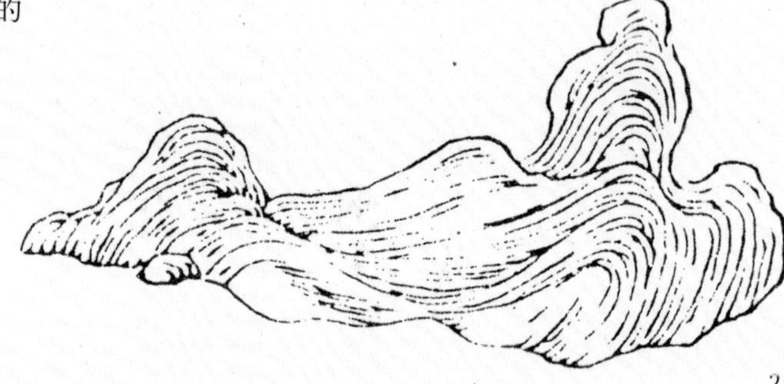

图2：醉道士石

2

袖峰，就是一种假山，是假想世界的偶得印证，是脑洞心像与现实的一次巧遇。袖峰，满足了我们对反复构造的多样世界的渴求。我以为，对袖峰的选择，是与绘画、与造园平行对等的工作。这个工作，我叫它“拾英”，捡拾那些个世界留下来的碎片。这些碎片，使我们能够不困囿于现实，常常保持了与那些个世界的远远近近、断断续续的联系。

在传统中国，绘画作为与造园平行互动的线索，成为造园的评判性与补偿性的一种持续存在，而袖峰也是这样的价值存在，并非只是闲情偶寄与玩物丧志。但与绘画不同的是，袖峰是一种选择与偶遇，是刹那间的撞见所做出的判断，“似曾相识并意料之外”，首先是印证了你的所思所想：“居然还真有这样的世界？”然后是突破你的想象与习惯：“居然还可以这样构造世界？”

每个中国人都希望拥有一个私有的小宇宙，能掌握一个微缩的世界。在藏石的朋友之间，我会问对方：“你有多少世界？”答曰：“三千世界。”

生命的命名

给自然物命名，是一种收录，将之归纳到我们的文化架构中来。

《素园石谱》对石之命名，大概有以下种类：

1. 对人的追拟，譬如“醉道士石”“石丈”等。
2. 对交换价值的追拟，譬如“海岳庵研山”等。
3. 对名山胜景的追拟，譬如“壶中九华”“小钓台”“海峤”等。
4. 对神物的追拟，譬如“怒猊”“鲸甲”“伏犀”等。
5. 对动态的追拟，譬如“曳烟”“大行云”“螭蹲”等。
6. 对笔墨及手段的追拟，譬如“堆青”“削玉”等。
7. 对气势的描绘，譬如“冲斗”“雷门”“吐月”“衔日”等。
8. 对状态的描绘，譬如“醒石”“醉石”等。

传统命名对石头的观想，不会局限在与山水的关联上，而是万事万物，联类无穷，也毫不避讳与动物的关联。由此可知，在我们的文化中，石是世间万物的具体而微者，是世界动态的凝缩与摘要，是宇宙运行的模型。石成为对绵绵不绝的生命迹象的颂词，承担了人对万物生生不息之爱的中介。

命名，并非一味像什么。命名可能代表了一种想象的指向，并不指向具体实物，可能是帮助建立一种体验的过程，或是提出一个问题，或是感叹来源之不易，或是引发对前人境遇的共情，

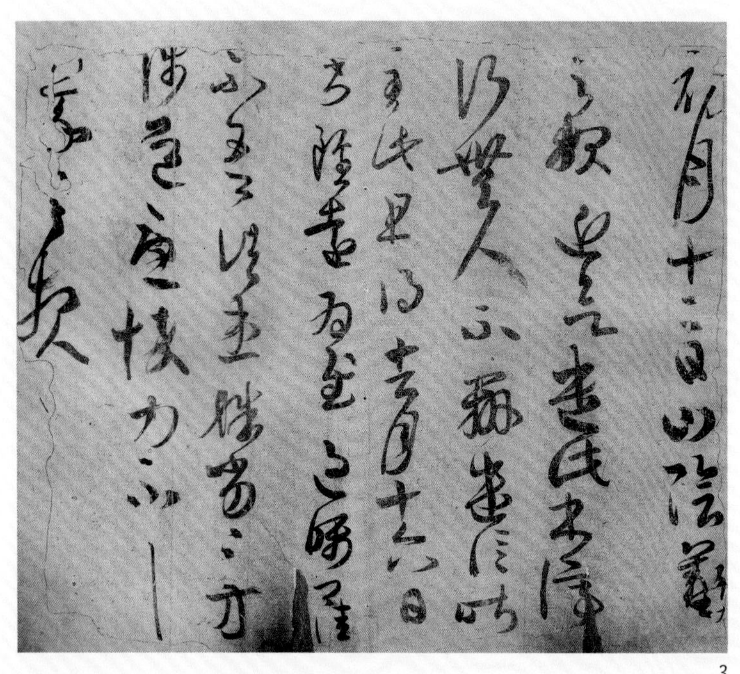

3

图3：初月帖（王羲之）

或是直接诠释了传统古诗那种混合了所见所思所触的共时，那种灵活语法与不定观看。我根本不认为袖峰的赏玩是具象的，只是我们要对“抽象”有一个重新的定义。那些石头，太多的时候什么都不像，那难以描述的形态意趣总是让人觉得充斥着一股能量，这是一种生命的迹象。

所以，我们还能认为传统庭院里那块飞升而起的太湖石是山水？那是对一种太古能量的追崇。庭园围假山石而建，不如说围着一个神兽般的“生命能量”而建。

宋徽宗为石封了侯，因为在他看来，关于承载生命之奥义，物却常常超越了人。

中国人逐渐地建立起一种使人与万物对话的中间物，赏石是至关重要的一项。它是中国的抽象意识与方法，它的意义一如书法的存在。只是说，一个是手工创作，一个是寻找与选择。（图3）

建筑学的把玩

“海岳庵研山”为米芾所藏南唐遗留研山两座中的一座，相传为南唐李后主传世，广不盈尺，合掌托大小，三十六峰环抱一池，实为砚台山子。后米芾以此研山易得一名胜古宅，后称之为“海岳庵”。虽为平等相易，原宅主宋仲容以庭园换山子，显然更无视大小贵贱，直意所爱。后世对这研山的称谓足见其价值不分大小，以交换价值定研山名。一座园林等于一个山子，园林可以真实地居游，一个山子足以归隐心想目游。（图4）

无论将山水缩至庭院中，还是绘之册页之上，那总还是带着自然不能掌握的焦虑与不安。袖峰是随身携带的缩小的“大假山”，是治愈“林泉痼疾”的一枚“芙蓉膏”。手握一个微型的宇宙，我的世界，我终于攥在了手心。

在传统中国的世界里，从一片砚台能见到浩瀚星辰、江流汹涌；在一个笔筒里，结庐耕读与放眼千里可以并存；一片山子中，能观到万仞太华、平川落照……在我们的文化里，很早就打通了小与大之间的区别隔阂，打通了事物类型之间的观想障碍。小从来不是真的小，小是世界的一角，小是大的凝视，小是通往大的前序，小是走向内观的临界处，小是思考世界的模型，小是观想大世界可以秉持的角度。

大与小打通之后，把玩的意义就呈现了。文人的玩具，叫作清玩。“清”字给了玩具以高级的正名，那是一种日常化的滋养性的训练。袖峰，不同于一般山子。它几乎不呈供案头，而重在掌玩。于是便没有一定的上下关系与观看角度——袖峰是没有底座的，这是为了保持一种观看与想象方式的开放性。袖峰的恣意，是文人的构造能力的精怪对手，是永远保持着对“自然几何”敏感洞察的玩具。观想目游，辗转翻覆，颠倒乾坤，不仅是一种对山水思恋的杯水解渴，更是“换看”与“联类”的日课。袖峰，是一个迷你的思想舞伴，是手边的园林诗学。

袖峰的把玩，既是一种一目了然的意义，又是不断被发现的意义。因为它并不是在一种观念下、用一种简单的逻辑生成的构造。它是一个意义的复合体，这一点不同于现代观念下的建筑设计。它是多重意义与指向的相互叠加与共生，有隐有显，有过去有未来，有“秘响旁通”，有“伏采潜发”。它的复杂性近乎一个园林，一个村镇。

我们不仅要直面世界，更是需要一种理解世界的模型。这种模型就是“假”。假，就是借，就是借这个理解那个。这个“假”，便是“大假山”之所以称为“假”的另一条缘由。假，但引渡向真，是我们理解并建构以自然叙事作为基础的诗画世界的中介模型。虽然尺度是“失真”的，姿态是“畸变”的，但正是这种奇怪的尺度与变形，让我们以夸张的方式深刻认识了自然世界以及人的世界。

山中何所有，岭上多白云。
不忍自怡悦，捉袖持赠君。[1]

袖峰所呈现出来的自然之法与观看之道，将为建筑学注入新的动力、方法与情趣。我们看向园林，看向绘画，看向器玩……为的是建筑学不终于自我封闭的讨论，而是能重返自然万物的无穷联类中去。

1　南朝梁陶弘景所写《诏问山中何所有赋诗以答》原诗为：“山中何所有，岭上多白云。只可自怡悦，不堪持赠君。”

4

图4：海岳庵研山

峰辗转而升高阁·正面（广西太湖石）

峰辗转而升高阁·背面（广西太湖石）

岭小自戴云雨冠·正面（广西英石）

岭小自戴云雨冠·背面（广西英石）

繁花脚下兀自孤立（风砺石）

泥牛耕湖（风砺石）

海噬博山·正面（灵璧石）

海噬博山·背面（灵璧石）

风雷号呼（风砺石）

供石方

杭州造园工作室

苏州云林山房

杭州小洞天

苏州良石轩

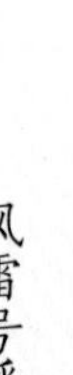
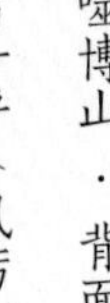
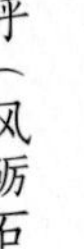

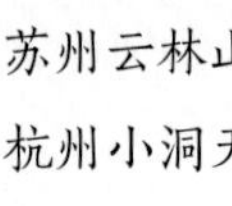
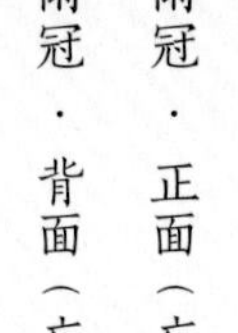
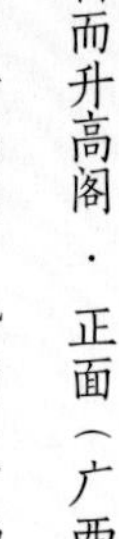
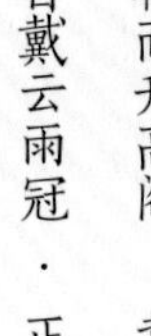
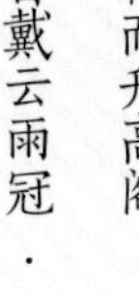
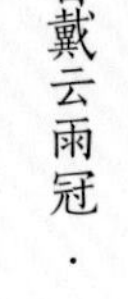
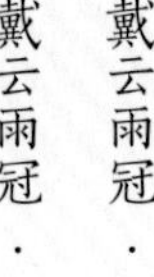
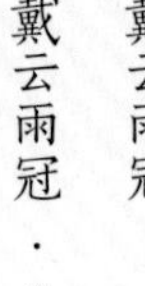
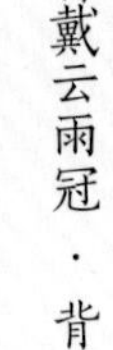
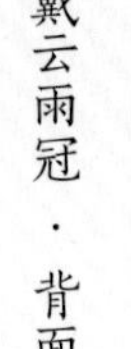
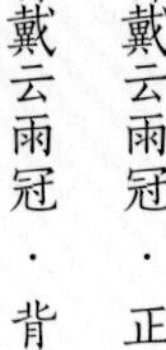
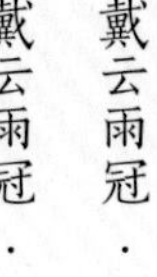
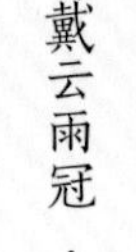
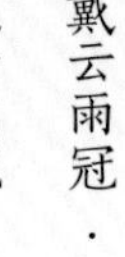
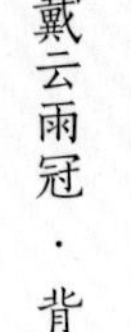
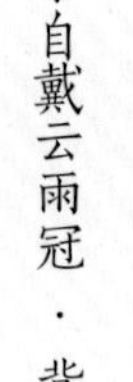
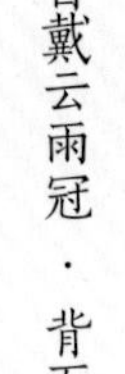

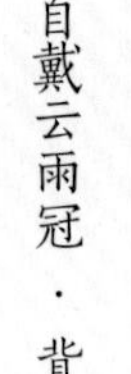
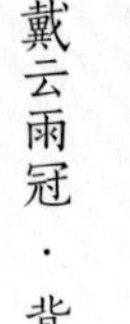
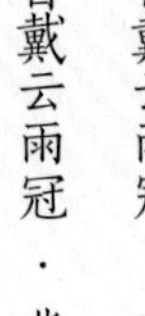
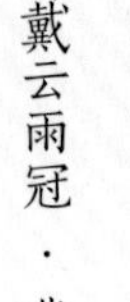
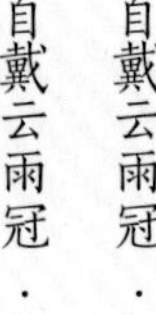

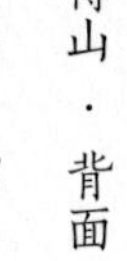

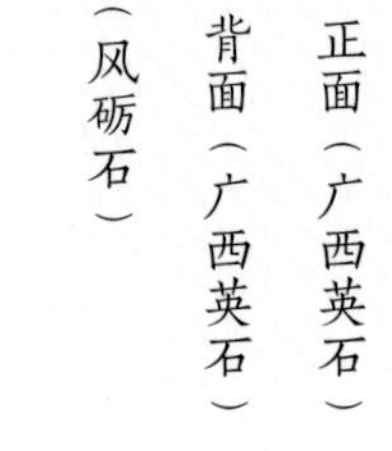
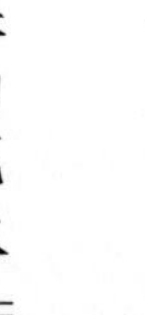

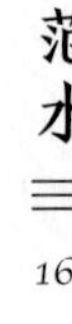

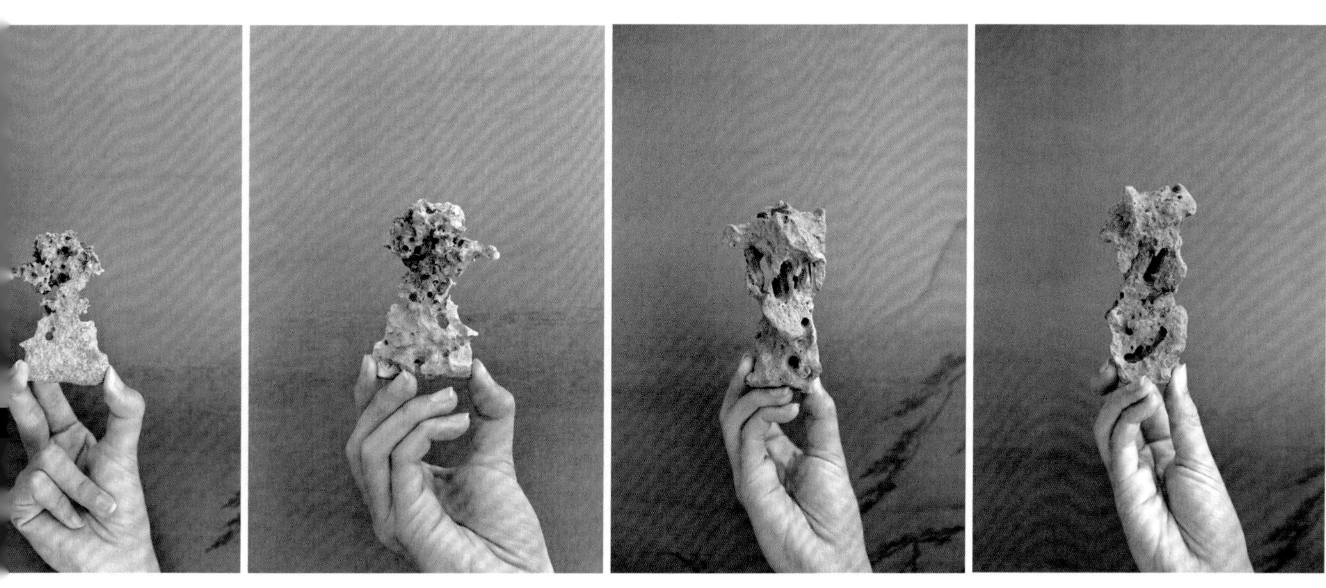

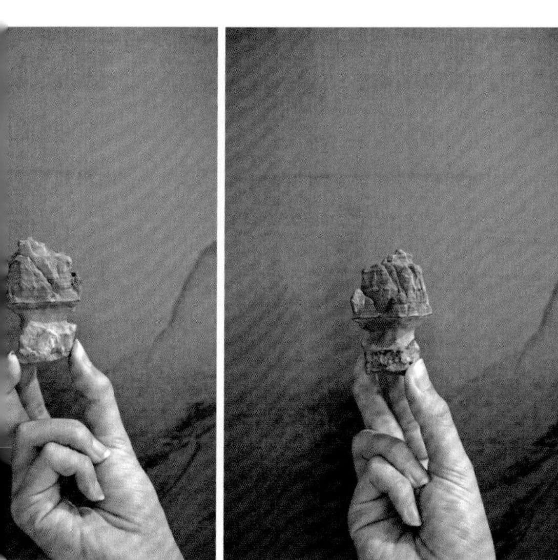

附图 七十二袖峰赏

卯酒醒还困，仙材梦不成·正面（灵璧皖螺）

卯酒醒还困，仙材梦不成·背面（灵璧皖螺）

漏风砚屏风·正面（广西太湖石）

漏风砚屏风·背面（广西太湖石）

中流砥柱百年后·正面（广西太湖石）

中流砥柱百年后·背面（广西太湖石）

袍纹迥夺岩芝色，山中饱谈三百年·正面（风砺石）

袍纹迥夺岩芝色，山中饱谈三百年·背面（风砺石）

望穿秋水，石化足跟·正面（明代，灵璧石，手琢）

望穿秋水，石化足跟·背面（明代，灵璧石，手琢）

捉跳烟·正面（广西太湖石）

捉跳烟·背面（广西太湖石）

幽都烟阙·正面（广西太湖石）

幽都烟阙·背面（广西太湖石）

夜山火云·正面（灵璧石）

夜山火云·背面（灵璧石）

云涌月宫·正面（风砺石）

云涌月宫·背面（风砺石）

腥仙缑岭·正面（风砺石）

腥仙缑岭·背面（风砺石）

雪浪·正面（风砺石）

雪浪·背面（风砺石）

振空破地，争喷吟笛·正面（风砺石）

振空破地，争喷吟笛·背面（风砺石）

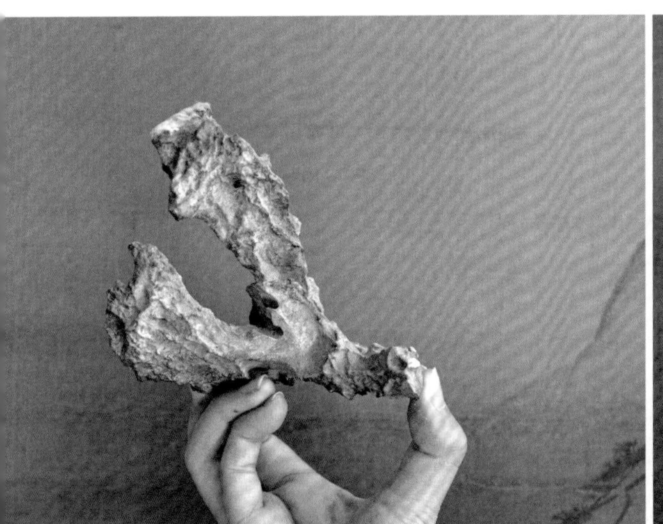

惊云处何患无蜃阙·正面（风砺石）

惊云处何患无蜃阙·背面（风砺石）

夹山傀儡走一线（灵璧石）

方丈潮退（灵璧石）

被云扶持（风砺石）

虫仙座驾（广西英石）

补画中驳岸（广西太湖石）

殿鸱吻（灵璧石）

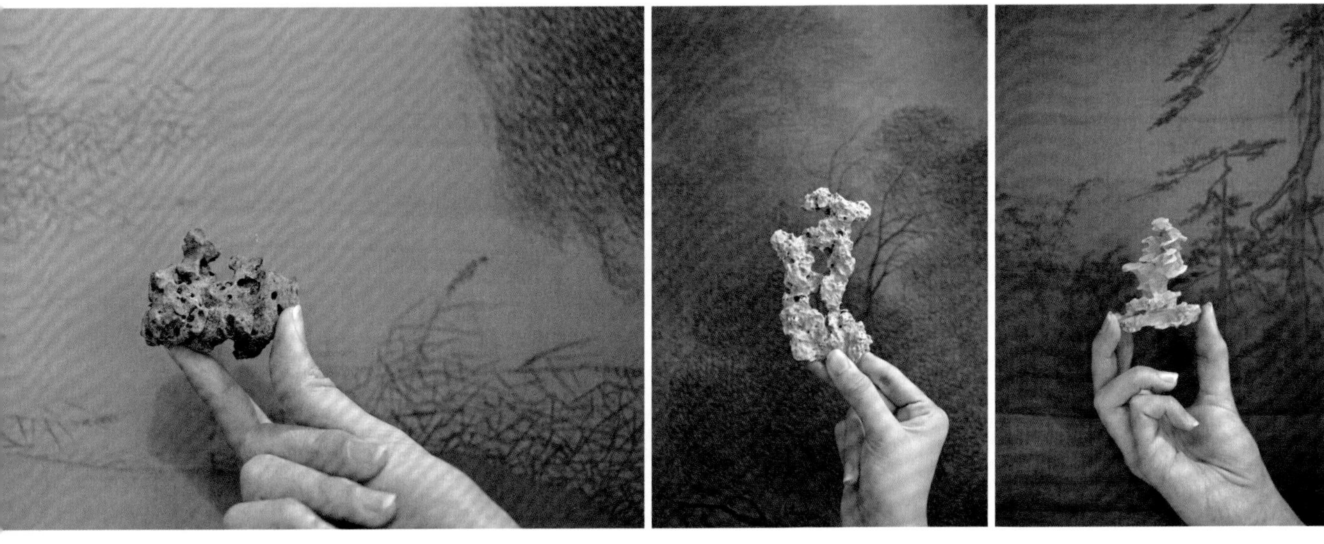

虫漏斧钺化森严（广西英石）

峨峨夏云初（广西太湖石）

防风死后骨（广西太湖石）

风镂山殿（灵璧石）

富岳匝云（风砺石）

孤悬天地，来去无寄（风砺石）

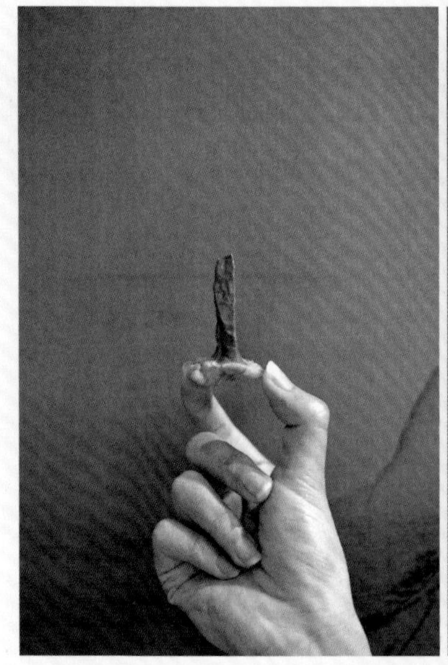

恍惊天柱落樽前（广西太湖石）

惊溅起（风砺石）

瞰千嶂雨念万壑雷（灵璧石）

雷劈皴（灵璧石）

米花山（广西太湖石）

勺海惊涛寻三山（风砺石）

神奈川冲浪里（风砺石）

世事空花，赏心泥絮·宋代（苏州太湖石）

似可掬而握手违（戈壁缠丝玛瑙）

漏便面（广西英石）

米糕山（结核风砺石）

皮筏船运花石纲（风砺石）

千匝万周学胡旋（风砺石）

裙带滩涂（灵璧石）

书房前滚滚行云（风砺石）

搜山剔骨去山阴（广西太湖石）

踏鲸鳍待炸浪（风砺石）

太华外孙（风砺石）

围嶂子斗兽阵（灵璧石）

探洞求丹粟，挑云觅白芝（风砺石）

天寒夜漱云牙净（风砺石）

天宫锈迹（陨石溅落物）

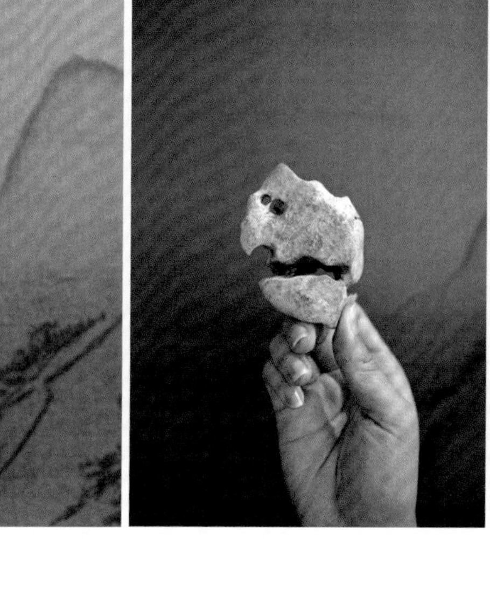

指端觑石花渐开（广西太湖石）

云天勾带（广西太湖石）

展子虔游春于此（灵璧石）

缀之罗缨，太湖璧人（广西太湖石）

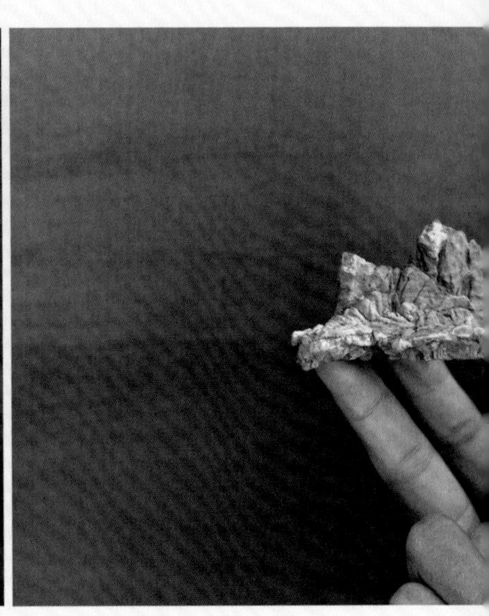

长恐忽然生白浪（广西太湖石）

着云袍知卷舒（风砺石）

皱裹一眠（灵璧皖螺）

组石架浮梁（风砺石）

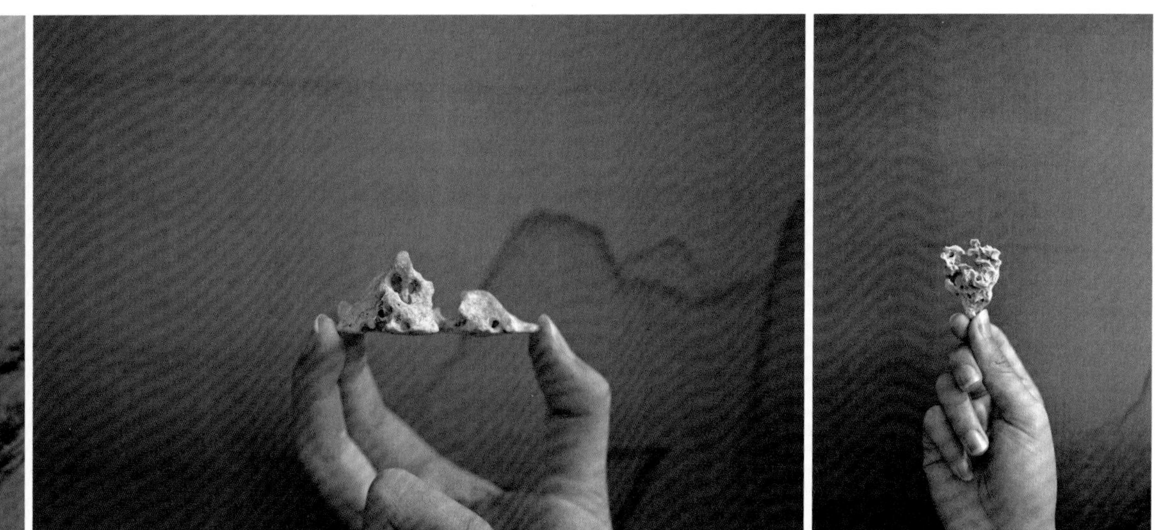

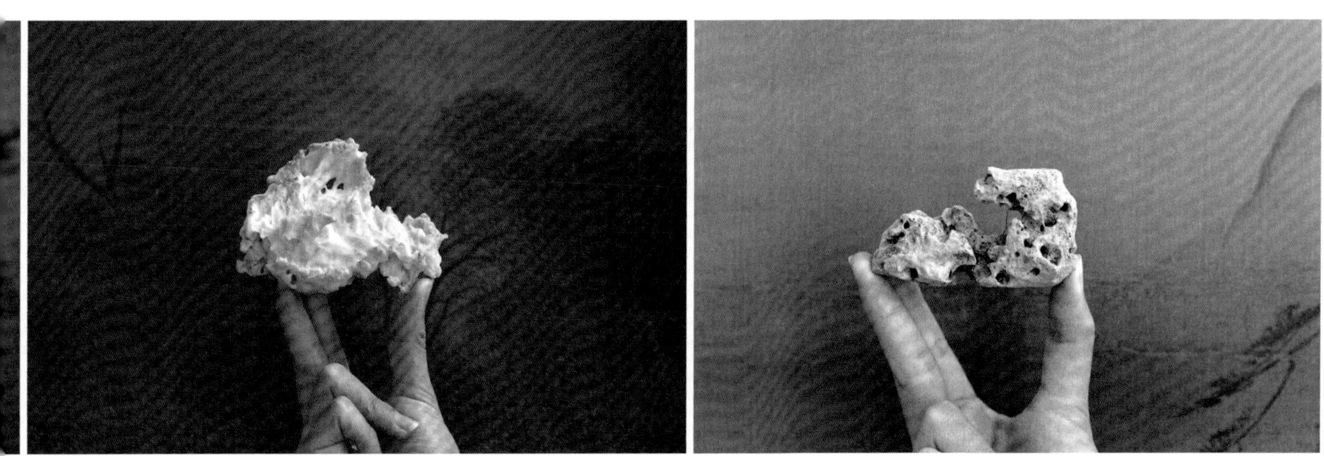

仙班散去，坠落一片（广西太湖石）

信手拈云（风砺石）

埙远立秋·背面（风砺石）

埙远立秋·正面（风砺石）

烟霞已是膏肓脉（戈壁缠丝玛瑙）

呀然剑门深（风砺石）

一枚虫国（广西太湖石）

一叶嵯峨（灵璧石）

忧愤气不散，结化为精灵（铜山子）

员峤看座（风砺石）

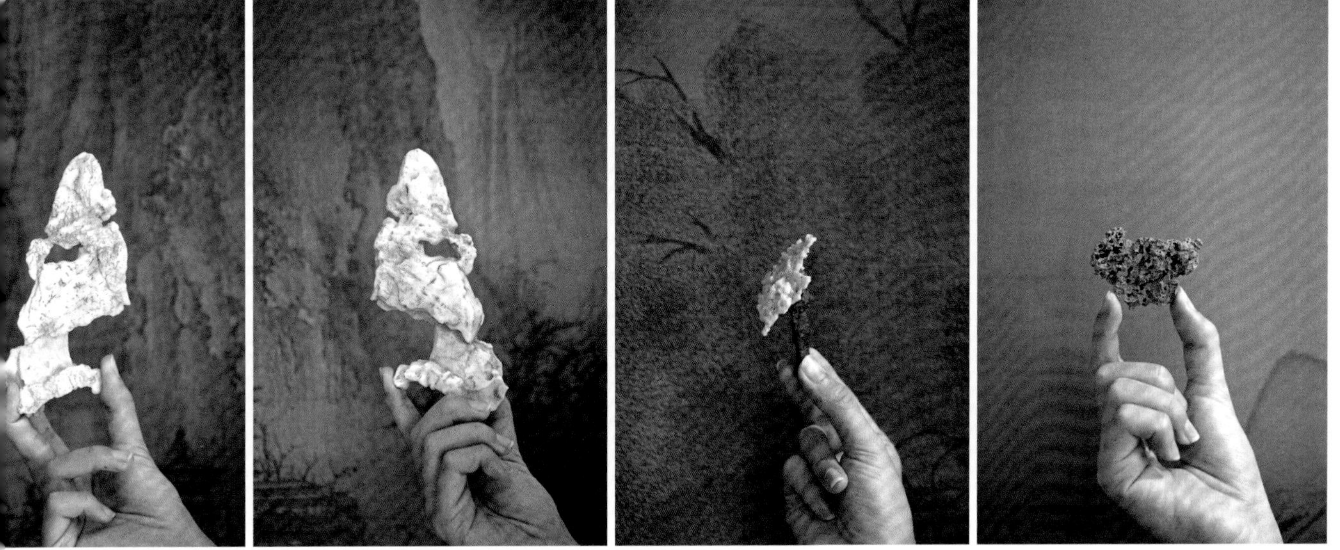

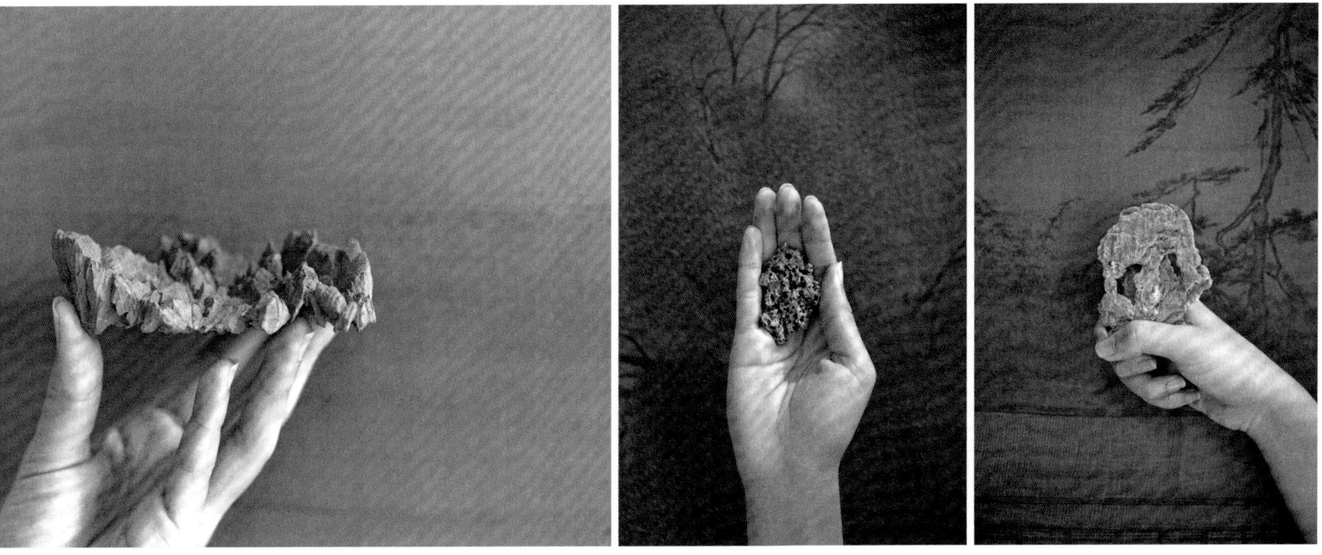

人世间的欢场与镜龛中的彼岸——

关于中日园林营造差异的一次讨论

枯山水的基因

王毓杰　谈到日本庭园，枯山水是一个重点。似乎枯山水对于西方人，对当代人而言更容易产生亲近，跟当代的生活也容易匹配。中国现在的很多空间设计中都在使用枯山水这样的元素，但用并不代表真理解，能谈一谈枯山水的来源吗？

王欣　枯山水，似乎就是世界的缩小，又是如此干练和简明，在表象上与现代主义，与抽象，与极少主义看着很接近。但枯山水没有想象的那么简单，它有很多生成基因。第一个是缩景术，属于中国古人向往的神仙术之一，缩景术直接产生的"观法"即是"以大观小"，缩千里于盆池，它的物质成果最常见的就是"盆景"。在汉代，山水盆景、盆石、碗峰之类，就已经比较流行了。盆景是枯山水的基因之一。第二个基因是禅宗的观法，禅宗的观法要求跳出时空看问题，在一种高度上看，在一个大的时间跨度上看。好比在太空看地球，你会发现这个世界是静止的，江不流，云不动，没有人，不喧嚣，非常安宁，一种超然的视野，看一千里，看一千年。在这样的视野下，世界的表现就是一种"凝"，注意不是静止，而是"凝式"，既是过去，也是未来。那个白沙反映的就是一个一千里眼下的水态，一千年流转的凝集呈现。枯山水多用在寺庙里，围绕方丈而营造，虚拟了一个非常观的世界，提醒你在修行，宗教场所需要有一个特殊的情境包围起来。那么第三个基因呢，是和日本本土的祭神场所有关。为何枯山水里大量的置石，几乎没有掇山？为何是大量的白沙？白沙不是只有日本人有，我们唐宋时期在铜盆里撒白沙置石就有了。白沙比较容易反映一个固态凝结的水面，是想象化的水面，对呈贡的物品形成反差衬托。日本的民族多傍海而居，他们的生活离不开"白沙洲滨"，就是沙滩。食物来源于海，他们对于大海是崇拜的，很多神庙和圣迹都在海边。白色既具象（沙滩），又很抽象，是干净和圣洁的代言。说到置石，西方有巨石阵，很多民族原始时期都以巨石来建立一个祭祀的场所，日本通常把巨石作为神性的象征。下面一个磐石，上面有一个石柱，这就是一个神的指代了。所以，日本庭园中的置石，不能简单类比于我们中国园林中的叠石与掇山，他们的置石即是置神，是神的位置的摆放与确立，是三圣，是蓬莱，是龟岛，是鹤岛。或者再直白一点讲，就是牌位，只是被自然化了。所以，置石是有禁忌有风水说法的。既然是神位，就不能去触碰冒犯，所以枯山水不可踏入，更不能坐在石头上。这一点与我们的园林很不一样，我们要与山石发生亲近的关系，甚至将它们看作室外的家具。

孙昱　我们将枯山水看作怡情小景，而他们更多是将其看作一种神明的供奉场所，虽然表现为一种山水意趣，却是一种神的自然化。

王欣　中国早期的园林中其实也有很多供奉并表现神明的地方，只是后来世俗化和文人化之后，这些都渐渐地被化解掉了。（图1—图3）

图1：对另一个世界的眺望（京都龙安寺石庭）

1

图2：面向供案般的正观（京都南禅寺龟鹤之庭）

图3：龟鹤之庭之对称祭拜结构

2

3

静观与动观

王毓杰　中日园林在功能意义上本来就不同，中国园林主要是游和放松，讲究可居、可游、可观。日本园林有供神与宗教的意味，有静修与感悟的要求，所以，中国人去日本庭园，会以“发呆”为主。是不是可以简约地认为一个静观，一个动观？

王欣　可以说中国园林是“身之游”，日本园林是“目之游”。日本也有池泉回游式园林，中国也有小庭园是静观为主的，但我们讨论的是大差别。首先是对物的态度，中国人一定要上手亲近，泉州有个宋代石刻老君岩，中国的小朋友见面就直接爬上去，在老君的肩膀上，在膝盖上合影一张。这是我们中国人爱物的方式，就是要和物搂抱在一起，否则没法满足。而日本人对物的方式是：敬畏＋怜惜。他们观看樱花，远远地看，啧啧地赞叹，脸上的表情几乎都是一致的。而我们就会上树，摇落樱花，看落英缤纷，因为我们中国是“喜乐文化”。我将日本园林定义为“镜龛中的山水”，龛，是一种敬畏观，将自然供奉为神明；镜，是一种易逝观，幻灭观，镜花水月，带着珍惜与怜爱。“镜龛”一词，是我针对日本的“物哀”思想提出来一种物化观法，镜龛代表了日本的审美方式，容易与事物共振而触动幽玄绵密的感知，对自然或者人世异常的敏感而难以释怀，容易婉转不停，缱绻徘徊。当然，还有一个原因是起居。日本以席地起居为主，中国在五代后就渐渐抛弃这种方式了。之于中国而言，建筑室内外关系就是有顶没顶的差别，室内外穿越自如，不用换鞋。而日本有一个高度上障碍，他们的室内就是一张大床，高高的大床，室内外之间要换鞋。这种起居方式的差异造成了群体建筑的构造有大不同，我们是分院的模式，而日本是尽可能地室内连绵在一起，就是要无数张床连续在一起。建筑以团聚的方式连绵。再小的庭院也是如此，京都有一个西村家住宅，建筑呈十字形的平面，十字形就是尽可能接触风景但又可以不出屋子的方式。再如，桂离宫的黑书院，“雁行式”的平面，就是在不断开单元建筑之间连接前提下，尽可能地获取风景的布局。而中国的园林多为分院的方式，建筑是散漫的。从网师园的平面能看出来，每一个房子有一个独立的院子。可以认为日本的叙事是全景式的叙事，理出一个完整的山水，然后建筑点进去，山水是连续的，是一种宏观的叙事，这是我们唐宋时期贵族园囿庄园的做法。而我们的做法是，把自然都切碎了，把建筑与自然的体验关系也切碎了，以拼贴的方式组织起来，时空并不统一，是一种分述结构。所以我们的园林就是一幕幕的体验结构，必须撞将进去游起来。而很多日本的园林，一个主体建筑群就统摄了周遭以它为极坐标的园林景观，环顾一周，就了然于胸了，根本不用下地。

孙昱　小津安二郎的电影，就是种种的定格画面，画面很少带有透视，都是平面化的浅空间。画面是不动的，进出的是人，入画出画，这似乎就是他们特有的静观。

王欣　看小津的电影，没有突发事件，一切如自然状态，花开花落，观者的方式如同等待，一切安安静静的，这跟日本庭园的方式是一致的，没有奇观。反观我们的园林，常常在行进过程中会有险境，比如留园的几处天井里，那么不重要的地方却藏着一个妖精一般的叠石，云雾般升腾而起，喷薄而出，有点会惊到你。

王毓杰　日本庭园中多数强调正观，中国明

清园林是多角度观。这里无意褒贬，但从视线控制来说，则完全是两套逻辑，也就是说虽然求的画意类似，但其中的几何法度实在是太不一样了。

王欣　你说得对。举个例子，京都醍醐寺三宝庭院。三个建筑一线与园林平行而展开，在建筑中水平移动观看庭园，几近完美。但假如跑到庭园的侧面去看，就逊色太多了。再比如，京都南禅寺龟鹤之庭，因方丈的视野而专设的广角彼岸景观，正观由近及远，层次极其清晰，逐级推高，犹如供案。而从侧面斜刺观看，就有种露馅了的意思，那种严明的秩序感是不能在旁侧斜着看的，这种庄严的观看，就是人神分离的两界对望，有着僵化的分层布景，你跑到侧面就相当于进到后台了，就出问题了。日本庭园多为“静观”，因为静观，而产生的视野多为“正观”，正观是一种中国唐宋时期山水画中近乎立面化的一种视野画法，这种正观的产生，是当时时代的气象，悠思望远的视野。你看，北宋时期的巨幛山水画，多为屋宇内的屏障而设，要求庄严感。因为静观，布景与人的观看保持着预设的距离与角度，人不能进入布景。因此，动态的多视点的观看必然受限。而中国园林，以游为主，那么设计就必须没有死角，景的设置要考虑多方向的视野阅读。中国园林游很方便，室内外穿梭自由，自然与建筑可以打散，混合在一起，难言彼此。而日本则建筑与自然分得比较清楚，此与彼，一方是一方。那么，视野的多样性的差别就不难理解了。

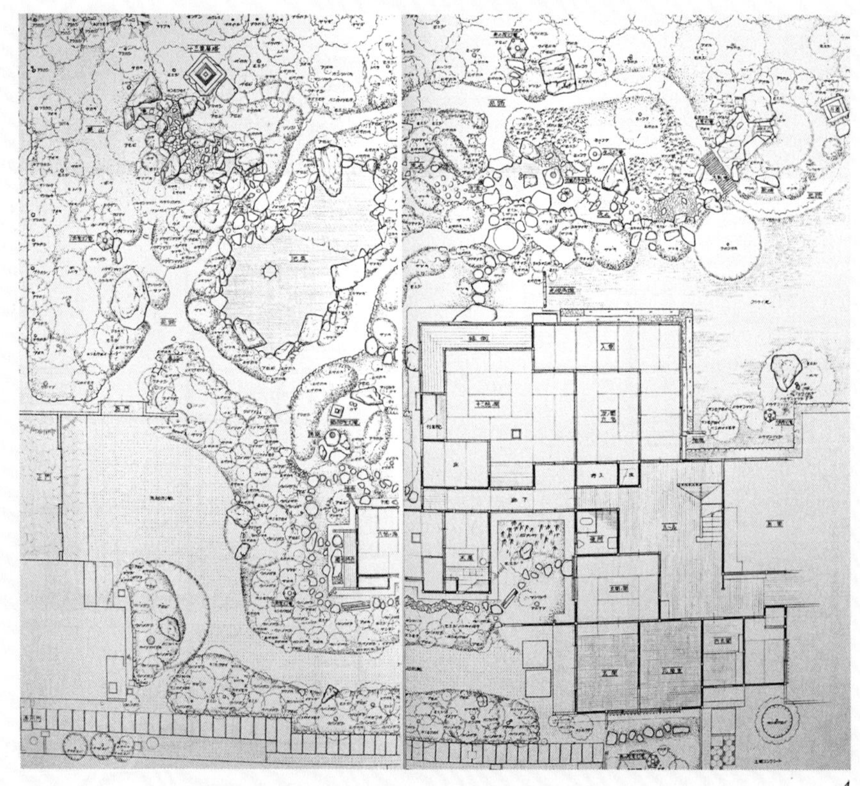

4

孙旻　我记得京都岚山的天龙寺庭园，门票就是二分制：建筑一张票，庭园一张票。建筑与庭园之间有麻绳拦着，不让随便上下，在体验上麻烦很大，很分裂。

王欣　嗯，恰好说明了这种障碍。京都的无邻庵，一整片地毯式的地景园林，沿着一个方向远去，按照透视的经验逐渐缩小再压暗，这片园林就是为一个房子的视野而设，那个房子就观的眼睛，也就是说最好的景观就只能在那个房子里跪着的高度上体验到，庭景是“大河样”，就是大河流域的微缩。在房子里看没有什么问题，很辽阔，一种低平俯瞰的视野，各方面都控制得很好，但这片地景园林中一旦有人踏入，尺度就瞬间被破坏了，人太高了，仿佛是一个人走进了一个房地产园林的沙盘里一般，窘境立现。这地景园林只是为了满足低平俯瞰的，不可以上人，这样的布景化的正观，造成了只有一观的后果。类似的园林很多，比如京都智积院的假山也是，一上人，山就模型化了。而中国人的假山自设计之始，就是为了上人，因此，中国园林的假山的尺度形态掌握是依据人身而确定的。所以中国园林的假山都是平顶，全都安排了蹬道。而日本的假山，多为尖顶。一个是为身体而设的假山，一个是为了眼睛而设的假山。中国园林中的山可以冠之“假山”之名，而日本园林中的山，应当谓之“小山”，“小山”只是缩尺，并未经过经验的转化。

孙旻　中国园林，是尽可能地把人送到各处角落，尽可能地制造多的视觉体验，是一种包围式的观看，甚至有鼓励创造新看点的意思。而日本庭园没有那么多弹性，路线被规定好，只能按着“飞石”（踏脚石）走，不能踩到苔藓，但有飞石的地方实在是少得可怜，大部分地方是不能去，也不能上。

5

图4：团聚的建筑群（京都典型的文人庭园布局。图片来源：《日本庭园集成》，中村昌生、西泽文隆监修，1985年）

图5：离散的建筑群（苏州网师园的院墙与建筑的关系）

图6：京都智积院池山

6

7

8

图7：目游之山，飞梁的存在仅是构造的完整，并非行人，这是一座藏不住人的山（京都智积院池山）
图8：京都无邻庵大河样庭园景
图9：人的进入，造成了微缩景之尺度崩塌
图10：假山里藏着一个洞天（苏州环秀山庄）
图11：中国常有垂直向的身游体验，在日本庭园中是鲜有的（苏州环秀山庄大假山）
图12：能优雅地容下数十人而并不显满的假山（苏州艺圃）

9

10

11

12

王欣　日本园林是中国唐宋庄园的缩小版。虽然我们也缩，但方式不同。日本是直接物理尺寸的缩小，体验方式没变。还有一点，日本园林的自然具有纪念性，这也是自然与人保持距离的原因。而明清时期的中国园林，是完全变革了体验方式的，迥异于唐宋。我们的园林，显然是舞台化了，是以人的可玩可达作为核心，自然是因人身而设置，并非一种独立价值的存在。中国的园林里除了假山、建筑、花池、池塘等的占地，剩下的都是硬质铺地。人可以到达各处。人到达各处的意思就是，人和自然之间没有距离感，人和自然是一体的，而日本人不是，中间隔着。你看，枯山水中的白沙，有一层意义是带有警示性的，就是要界定人和神之间的关系，保持距离，不要逾越。（图4—图16）

图13：逐步抬升的建筑群与庭园平行而行（京都醍醐寺三宝院）

13

14

15

16

图14：飞石规范了行进的路径（大德寺玉林院深秋茶会。图片来源：《茶道聚锦》，中村昌生编，1983年）
图15：各种飞石，被规范的步伐与行走范围（图片来源：《日本庭园集成》，中村昌生、西泽文隆监修，1985年）
图16：无尽蔓延的铺地（苏州沧浪亭）

单体类型的生命力

孙昱　日本园林中单体建筑的形式对我触动很大，无论在形式上，还是在材料的使用上，或者是姿态上，比我们现有的单体建筑类型要丰富很多。

王欣　我也是同样的感受。我们目前能看到的也是明清园林为主，语言太过完熟了，以至于形成了固化的样式。在我看来，明清园林的建筑单体的完型已经走到了尽头，没有什么可能性了，材料与样式过于统一和标准化，单体建筑的探索基本停滞，它们的表情变得木讷，状态也是死气沉沉。在日本园林中，我们常常可以看到一种极小状态的亭子般的建筑——“待合”，就是等待的空间，它可以被分解为一张长椅加一架伞般的屋顶，不能再小，不能再简化了。顶是茅草，柱子都是天然弯曲的木材，靠背是黄泥抹面。“待合”，这种比亭子还要小的建筑类型，或许已经不能划归于建筑，归于大家具都可以。我至今没有见到相同的样式的待合，它依据周遭的条件而临时设计设置，极具生命力，变化无形，这样的类型，我们却没有。说到亭子，中国的亭子是按平面几何形态分的，开间举架都有定数，就那么几种，来回调用。中国的建筑，一旦形成类型之后，设计就基本停止了，就成为建筑词典中的一个词，你用就是了。日本园林也有“亭”，但没有所谓亭子的样式，以我们对亭的标准来判断是分辨不出来的，桂离宫的“松琴亭”即是这种状态。我很喜欢日本的“亭”的状态，永远处于一种有名无实，有名无样的状态，只要不怎么大，能独处风景，无论成什么形态，都可以唤作亭。这是我们要深刻反思的，好端端的类型不能就这么死了。

图17：最小状态的园林建筑类型『待合』（京都桂离宫御腰挂）

17

孙昱　这跟时代是不是有很大的关系？文献中显示明代的园林中有茅舍茅亭，构园的材料也不像清代园林那么局限。宋画中的庭园建筑材料也很多元，间杂瓦片夯土墙，木板屋顶，大量地用竹材，跟日本园林很相似。

王欣　中日园林的差异，某种程度上可以看做是时间的差异，我们是明清，他们是唐宋的后续，我们断了，他们保续了基因，所以审美意趣上差得很多。还有，就是禅宗的影响。禅宗的思想方法对日本的审美形成多次革命。比如日本的两次“民艺运动”，一次是千利休，一次是柳宗悦，都是对民间价值的重新审视与肯定。中国的审美标准几乎都是自上而下制定的，底下人跟着皇帝贵族文人精英的喜好。我们民间的东西一直缺乏认可，也缺乏改造。我们历代的陶瓷民窑，无论是形态，做工，还是釉色、材料，都绚烂鲜活得不得了，这是一个巨大的工艺土壤，也是绝好的审美反思的宝库，但我们自己怎么看？我们今天又怎么看？虽然唐宋时期民窑是顶峰，但明清时期中国也不乏民窑呀，问题是上层与主流根本看不上，至今也没有重视起来。退回十几年前，拿个日本的“备前烧”“志野烧”到中国来，恐怕不会有人看它们一眼，我们的文明，在后期缺乏反思，矫饰过度，捆住了手脚，走到了尽头。而日本以禅宗的换看方式将民俗中有价值有活力的地方萃取出来，改造上层审美，以继续推动文艺的发展。他们一直保持着一种上下对话的可能，禅宗的思想方法使得日本常常保持着审美革命的活力。“侘寂”美学，就是要建立一种有关于审美的活力机制，永远保持反思。思想方法都是同构的，日本园林中的用材料的方式，无论在选取范围，还是交接方式，还是形态控制上，都比我们要广，要灵活，要鲜活得多。在面对日本园林中如此多样的材料运用时，我常常感叹：这才是自然性的建造啊。（图 17—图 19）

图 18：一种残损状态的建筑类型燕庵腰挂（京都薮内家。图片来源：《日本庭园集成》，中村昌生、西泽文隆监修，1985 年）

图 19：极度丰富的自然性建造（京都金泽邸方圆庵。图片来源：《日本庭园集成》，中村昌生、西泽文隆监修，1985 年）

18

19

图20：书生的梦——窗板上的园林

20

园林作为一种生活态度与思想方法

王毓杰　之前您有一个出格的研究，就是将几座传统中国的私家园林开放成为城市的公共空间，广开出入口，自由出入，甚至拥有市集的功能，不限定使用方式。这样有悖于常理的做法，是否会毁掉园林，还是不是园林的方式？

王欣　这个涉及到我们怎么定义园林。私家园林只是我们认为"园林"的一小部分，园林真正体现的是世界观和生活态度，而不是说一定要修个园子。修园子在今天不便宜，在古代也一样不便宜。古代的读书人都渴望家里有山水，但是能有多少人造得起园子？所以才有明代刘士龙所说的"乌有园"，大多数人都要依赖游山玩水，靠绘画，靠文学来指代这个梦想。为何有山子，砚台，竹雕这些案头的器玩？一方面是因为园林难以独自担当中国文人设计的全部载体，另外更重要的是，这些小东西代表的是持有山水情怀的日常生活与园林的念想。所以真正的园林是你是怎样生活的？有一个亿，可以修一个园林，脑子里不见得有真园林，而守着几平方米的书房，脑子里满满的造园，这才叫真园林。园林，要成为一种日常的情趣与思想方法，才有意义。

孙昱　所以在我们的教学中，一直是与现实的园林保持着某种距离。却转而面对传统山水画，面对传统文人器玩，面对乡村建筑。甚至将日常器物的设计带入建筑课堂，一个碗山水设计，一个汤勺的叙事设计。

王欣　对，我们的教学一般不直接面对园林，尤其是设计入门教育。我们认为，先有情趣，而后再谈园林。大学的设计教育，首先是在找补学生前二十年缺失的情趣意识与生活态度。园林是根植于相应的生活土壤而长出来的花，我们首先要求园林的发生机制：绘画、雕刻、清玩、书法、茶会……我们先谈这些。教学这些年一直在拓展，刚才说的是求古，还要求当下。我们把课堂转移到乡村，在桐庐石舍村的溪滩之上。溪滩每年发一两次大水，平时水少的时候，河床就是一块几百米长的玲珑剔透的太湖石，如履平地，如同广场。我带学生在这里要建造一个瞬间的园林，这是一个造园要面临的全新的条件：河床上，临时的，轻质的（因为要在大水来前搬走，大水走后再搬回来），能介入村民生活的，不能破坏原有的河床，手段是轻柔的。这样一个场景，以前不曾有过。村民洗衣服，洗菜，打水仗，洗澡……也是园林的组成部分，举手投足的日常生活都可以入画，村民就是演员。所以，园林不是彼岸，不是一个难以企及的境地，而是最日常的空间。从前是贵族、官僚、商贾才能盖园林，当然现在也是，假如还是圈一圈围墙，躲起来小众地喝茶，我觉得跟以前的园林没有本质上的差别。我们想要给村民盖园林，给路人盖园林，让路人成为园林中的主角。所以，回到刚才说的完全向城市打开一个传统古典园林的研究。譬如，把古典园林的四面围墙都打开，只要不进行破坏，卖菜、唱戏、上课、演说、摆摊儿等等市民生活都可以进去，没有门票这回事。现在的园林要买门票，进去的人身份就是游客，只是坐坐看看，园林是个参观的对象，是博物馆，这样的园林就变成了尸体。当园林中有菜市场，有集会，商铺，课堂等等，这时人的身体，新的功能，人多人少，速度快慢等，就能和园林的各种事物，诸如假山、亭子和池塘发生各种有趣的关系，你见过在假山上摆摊儿吗？这就回应了中国人需要什么样的城市空间？难道就是一种无特征的空空的广场吗？园林是当成尸体供奉起来好呢，还是看看它与城市生活有无可能发生结合好？园林要不要往前走，还是依旧把它关闭在围墙里头？

孙昱　原来计划的《乌有园》的一辑“园林作为意趣与方法”，应该就是讨论在当下的社会环境中，园林会是什么，园林还可能是什么？

王欣　还有，从园林出发，改造我们的建筑学专业。

王毓杰　每次踏入日本庭园，除了感受到审美之外，常常有一种莫名的紧张感，身体有一种不自在，我想这种不自然的反应，似乎是对一尘不染的幻境，高度精确的植物修剪控制，日日擦拭的敬重礼仪的景观的一种不适应。而在游中国园林的时候，放松得多了。

王欣　在中国，庙堂是儒家，园林是道家。这是由人性两面决定的，庙堂是做公共的事情，园林是做私下的事情。园林是用来疗伤与平衡内分泌的，属于治愈系。道家是讨论人性欢乐的，园林作为道家的领地，即是承载欢悦的场所，是乐园。虽然中国园林中一直有神仙境界的叙述，但都是围绕排遣与逃逸而设。而日本园林不同，刚才说到日本园林中或多或少地存在神性，两支重要的源头，一个是净土园林，描绘的就是西方极乐世界的构造，追的是彼岸世界，这个彼岸的基因，在净土园林这种类型没落之后，还大量地遗存于池泉回游园林，以及书院园林中。另一支就是枯山水，叙述的是神境的关照，本质上就是一个自然化的神龛。一个是神境，一个是欢场。一个是清、静、寂、和；一个是欢歌笑语的雅集文会。

孙昱　一如喝茶。我们是漫侃助兴，日本是体悟与修炼。

王欣　日本茶道，对于中国人来说，简直就是一种煎熬。本身已经不是喝茶，也与茶本身的味道性质等等无关，就是一场不变的仪式程序，反复地演，参与的人跟木偶并无二致。当然，对心性修为还是有帮助的。（图 20—图 23）

22

23

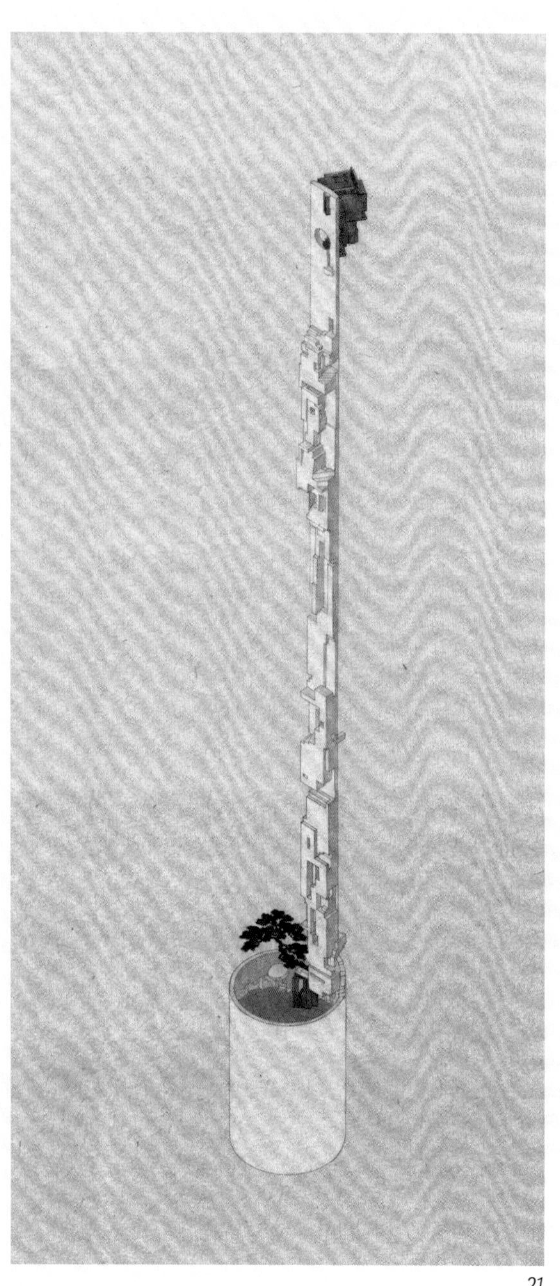
21

图 21：道士下山兮，器玩中的造园课程研究
图 22：餐盘中的园林，仿芭蕉庵的料理果子（造园工作室制）
图 23：餐盘中的园林——天宫坠落琉璃泪，料理果子（造园工作室制）
图 24：发达的院墙系统（苏州留园）

外部的迷园与内部的迷园

王毓杰　中国明清园林中存在极其复杂和强大的院墙系统，院墙本身成为景，或者是景的一种承载面，似乎我们的园林设计已经不能脱离院墙来建立。而日本园林中，大园林以院墙作为分景结构体系的很少，景与墙的关系比较疏远，类似中国“以墙为纸，以石为绘”的情况少见，墙在日本园林中似乎是一个比较微弱的元素。

王欣　园林自古就是用来收集珍奇事物的，收纳不一样的时空，是奇观的集合，是历史诗意的集萃。为什么分那么多院子，其实就是一个博古架，博古架就是猎奇多样然后一并呈现。博古架是对小器物的收藏，园林即是对一个诗境和时空的多样性收藏。在怀念宋代的时候，打开一个宋代气息的院子；思念《溪岸图》的时候，那就在一个水景的院子住一天。有追拟月宫的，也有仿乡间田园的。所以要分院落，一个跟另一个可以没有任何关系，我们现在看到的都是清代园林的遗构，语言已经完熟程式化了，语言高度统一，所以一般人也不太能分别院落之间情境的巨大差异。也不用太远，明代的园林有点不一样，这边院子里是浮华夜宴的场景，可能推开门就是一片麦田，隔壁也许是汪洋一片。中国园林中的墙垣系统，即是各景区、各场景的缝合方式，也是它们之间的转换方式，这套分视野和分时空的方式如同电影中的切换镜头。所以，在我的认识里，中国园林在设计上的主体，或者说先入系统是这套墙垣系统，这套系统决定了景的组织，决定了这部“电影”的分镜头，然后再植入具体的建筑与自然。

孙昱　日本园林中大多只有自然和建筑之间的二者关系，这是唐宋园林的基因，建筑之间以自然相隔。而我们的园林比他们的多一样关系，就是墙垣。必须要有墙，没有墙，建筑难以依存，设计不好做了。墙是一个组织关系者，只要有这套关系，再啰嗦的内容都是不乱的。

王欣　对。当然不是说日本园林中没有院墙系统，我们所说的是那种用于分景结构的墙垣，像大德寺、妙心寺那种几十个塔头的分院方式是另外一回事情。

孙昱　我们是内部空间简单，就是建筑单体简单，而外部复杂。日本园林是外部简单，而建筑内部复杂。他们有一套高度发达的幛子门系统。

王欣　是的。一个是外墙发达，一个是内墙发达。我们中国把多样性体现在院子里，譬如：

24

殿春簃，竹里馆，看松读画轩……这些都是院子围合出来的独立情境。而日本的多样性体现在屋宇之下，幛子门系统高度发达，建立了一个室内的迷宫般的幻境。幛子门是情境的虚拟，譬如：翠竹の间，孔雀の间，松涛の间……这说明，中国园林是以院为核心的，将之室外当作室内用的。而日本的生活状态，更多的是以室内为中心。我们以院落分功能，它们以幛子门分功能。日本有参照中国世外桃源的理想去处——“隐里”，也叫“嘉暮里”，它们的表现方式居然是一个满铺榻榻米的延绵无尽的室内空间。看来，他们还是非常迷恋室内的。你看小津的电影，完全是一个榻榻米上的视野，榻榻米上的叙事。空间的方向，多为从内向外看去，透过层层的幛子门，种种室内的陈设，通过窗框的限定，看到庭园，或是邻居家。（图 24—图 26）

参与讨论者

造园工作室：王欣、孙昱、王毓杰

（本书未注明来源的图片，均由王欣提供）

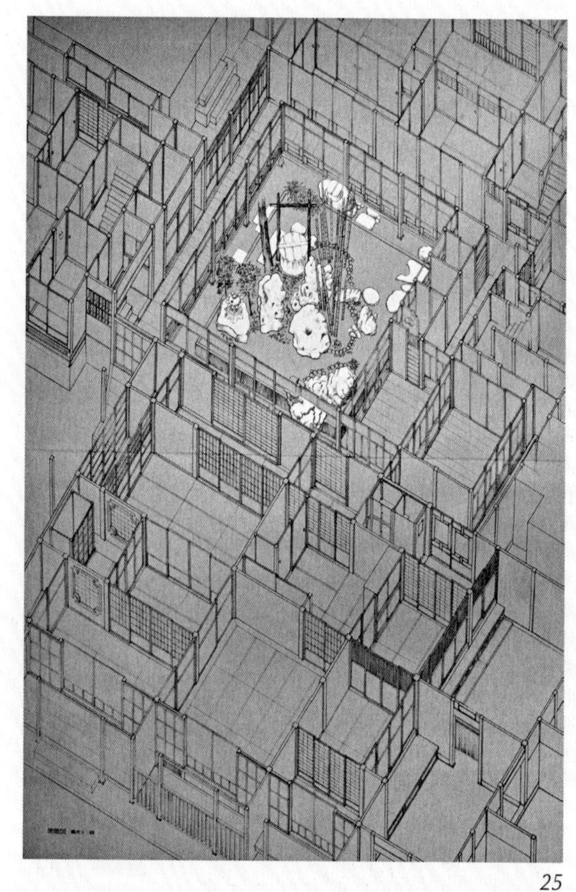

25

图25：幛子门建立的屋宇下的迷宫（图片来源：《日本庭园集成》，中村昌生、西泽文隆监修，1985年）

图26：日本的桃花源——隐里

26

图书在版编目（C I P）数据

模山范水 / 王欣著. -- 上海 : 东华大学出版社，2021.3

ISBN 978-7-5669-1836-9

Ⅰ. ①模… Ⅱ. ①王… Ⅲ. ①建筑画-绘画技法 Ⅳ. ① TU204.11

中国版本图书馆 CIP 数据核字 (2020) 第 245026 号

模山范水

王欣 著

策　　划：秦蕾 / 群岛 ARCHIPELAGO
联合策划：波莫什
特约编辑：辛梦瑶
责任编辑：赵春园 高路路
技术编辑：季丽华
设计排版：Next，Plz office
封面设计：谢庭苇
版　　次：2021 年 3 月第 1 版
印　　次：2021 年 3 月第 1 次印刷
印　　刷：天津联城印刷有限公司
开　　本：889mm × 1194mm 1/16
印　　张：13
字　　数：408 000
书　　号：ISBN 978-7-5669-1836-9
定　　价：228.00 元
出版发行：东华大学出版社
（上海市延安西路 1882 号 邮政编码：200051）
出版社网址：dhupress.dhu.edu.cn
天猫旗舰店：http ：//dhdx.tmall.com
营销中心：021-62193056 62373056 62379558
本书若有印装质量问题，请向本社发行部调换。